美丽的化学结构

梁琰 著

清华大学出版社

北京

内 容 简 介

本书历史部分从原子结构、晶体结构、生物大分子结构等10个方面，比较全面地展示了化学家在认识物质微观结构过程中的重要历史事件。欣赏部分用细腻的图像风格展示了58种化学结构，另外还包括了化学结构CG动画的截图。最后的注释部分对58种化学结构进行了简要的介绍。

图书在版编目 (CIP) 数据

美丽的化学结构/梁琰著.—北京: 清华大学出版社，2016 (2024.2重印)
ISBN 978-7-302-42377-5

Ⅰ.①美…Ⅱ.①梁…Ⅲ.①化学结构－普及读物Ⅳ.①O6-0

中国版本图书馆CIP数据核字(2015)第296351号

责任编辑: 袁　琦
装帧设计: 梁　琰
责任校对: 刘玉霞
责任印制: 曹婉颖

出版发行: 清华大学出版社
网　　　址: https://www.tup.com.cn, https://www.wqxuetang.com
地　　　址: 北京清华大学学研大厦A座　　　　　　　邮　　编: 100084
社 总 机: 010-83470000　　　　　　　　　　　　邮　　购: 010-62786544
投稿与读者服务: 010-62776969, c-service@tup.tsinghua.edu.cn
质量反馈: 010-62772015, zhiliang@tup.tsinghua.edu.cn
印 装 者: 小森印刷 (北京) 有限公司
经　　销: 全国新华书店
开　　本: 215mm×226mm　　　印　　张: 7.5　　　字　　数: 159千字
版　　次: 2016年1月第1版　　　印　　次: 2024年2月第14次印刷
定　　价: 55.00元

产品编号: 065396-01

献给我的父母

序　言

化学研究物质的组成、结构、性质及变化规律，与生命科学、医学、材料科学、环境科学、天文学等学科紧密关联，通常被视为自然科学的中心学科。化学也是创造新物质的科学，这些新物质满足了国家的重大战略需求，也极大地丰富和改善了人们的日常生活。同时，对人类未来发展至关重要的新能源、新药物、环境保护等研究，也都与化学科学密切相关。

由清华大学出版社出版的《美丽的化学结构》和《美丽的化学反应》两本书以生动形象和引人入胜的语言，通过介绍化学结构和化学反应，展现了化学科学的发展历程和研究内容，显示了化学的美丽和独特魅力。例如，在《美丽的化学结构》一书中，作者借助最新的电脑图像技术，展现了众多既有美感，又具有科学意义的化学结构。用精美的图片和精炼的语言，描绘了人类在认识物质微观结构过程中 10 个重要研究方向的发展历程。《美丽的化学反应》一书中，作者用特殊的摄像技术，将化学反应中和反应产物的绚丽色彩和多姿形态呈现给读者。用精心制作的图像，再现了 1660 － 1860 年期间，波义耳、拉瓦锡等著名化学家使用的重要化学实验仪器，并介绍了相关知识和研究的历史背景。

科学研究与科技传播是科技工作的一体两翼，科技传播对国民科学素养的提升以及对国家经济发展和社会进步都具有重要的意义。中国科学技术大学历来重视科技传播工作，这两本书的出版，必将激发读者对化学的兴趣，吸引更多的年轻人投身于化学科学研究事业，为国家和人类作出贡献。

中国科学院院士
中国科学技术大学校长

前　言

关于"美丽化学"前期网站 BeautifulChemistry.net

"美丽化学"是由中国科学技术大学先进技术研究院（简称中科大先研院）和清华大学出版社联合制作的原创网络科普项目，其主旨是将化学的美丽和神奇传递给大众（中文版网址 http://BeautifulChemistry.net/cn）。在"美丽化学"中，我们使用 4K 高清摄像机捕捉化学反应中的缤纷色彩和微妙细节；在分子尺度上，我们使用先进的三维电脑动画和互动技术，展示近年来在《自然》（Nature）和《科学》（Science）等国际知名期刊中报道的微观化学结构。

"美丽化学"网站英文版于 2014 年 9 月 30 日上线，中文版于 2014 年 10 月 31 日上线。截至 2015 年 11 月底，有超过 31 万人访问"美丽化学"网站（其中中国用户占 28%，美国用户占 22%，其他国家用户占 50%），网站页面点击量超过 630 万次，在线视频播放次数超过 520 万。"美丽化学"网站上线后得到了世界各地主流媒体的关注，并获得多个国内外奖项，参加了多个强调科学与艺术融合的国内外展览，包括英国广播公司（BBC）、探索频道、麻省理工学院（MIT）、哥伦比亚大学、腾讯 WE 大会等都通过授权使用了"美丽化学"的素材（详细成果见第 VIII 页）。

本书作者梁琰是 "美丽化学"项目中科大先研院一方的负责人，也是项目的作者、摄影兼科学可视化指导。项目的其他主要成员包括：化学反应指导陶先刚（中国科学技术大学化学系副教授），化学反应指导黄微（中国科学技术大学化学实验教学中心副主任、高级实验师）。

关于"美丽化学"书籍

在编写"美丽化学"时，我们希望在之前网站的基础上更进一步，在内容和形式上更好地向公众展示化学独特的美丽。为了适应不同读者的需求，我们规划了两本书——《美丽的化学反应》和《美丽的化学结构》（以下简称《反应》和《结构》）。《反应》适合所有读者，即使没有化学基础的读者，也可以从书中感受到化学反应呈现出的绚丽色彩和多姿形态。《结构》展示了大量美妙的微观化学结构，适合有一定化学基础和对化学感兴趣的读者阅读。

为了提升书中化学知识的广度和深度，每本书中都增加了超过 50 页的"历史"部分。我们希望通过介绍一些相关的历史知识，让读者更好地体会化学的美丽。在《反应》的历史部分，我们选择了 1660—1860 年间波义耳、普利斯特里、拉瓦锡等 12 位著名的化学家，在认真调研他们原始著作的基础上，用精致的手绘图片和简洁的文字对他们使用过的重要化学装置进行了展示和介绍。我们希望从化学实验装置的演变这一全新的视角，展示化学革命前后这一段最有代表性的化学史。在《结构》的历史部分，我们从原子结构、晶体结构、生物大分子结构等 10 个方面，比较全面地展示了化学家在认识物质微观结构过程中的重要研究成果。虽然两本书的历史部分篇幅都不是很长，但却花费了我们大量的时间和心血。希望我们的努力可以让看似枯燥的化学史变得更为生动、有趣。

除了历史部分，两本书中还包括了精美的"欣赏"部分。在《反应》的欣赏部分，我们用国际一流水准的 CG 图像复原了历史上 15 套重要的化学反应装置；另外也包括了我们拍摄的化学反应 4K 视频的截图，每张截图都为印刷进行了优化，其中一些截图也是在之前网站中没有出现的。在《结构》的欣赏部分，我们用更为细腻的图像风格，展示了 58 种化学结构，另外还包括了化学结构 CG 动画的截图。此外，《结构》还包括"注释"部分，其中对上述 58 种化学结构进行了简要介绍。

在书籍编写的过程中我们追求的一个目标是确保每一张图片的原创性，而且将每一张图片的质量都做到极致。在文字方面，我们力求用简明扼要的文字与图片一起高效地传递科学知识。我们希望读者通过阅读我们的书籍不但可以学到化学知识，也可以得到美的享受。最后，书中难免会有错误和不足之处，恳请读者给予指正 (scivis @ ustc. edu. cn)，我们会在新的版本中及时修正。

这两本书目前得以完稿，是很多人共同努力的结果。《反应》和《结构》的创意、文字创作、文献调研、封面设计、版式设计均由梁琰完成。《反应》历史部分的图片，科学家肖像、装置手绘图：陈磊。《反应》欣赏部分的图片，装置 CG 复原：上海映速（建模：刘晨钟、陈易嘉、邝江俊、宗梁；灯光、材质、渲染、后期：宗梁）；化学反应摄像：梁琰（化学反应在陶先刚和黄微指导下完成）。《结构》历史部分的图片，矢量图：梁琰；手绘图：陈磊。《结构》欣赏部分的图片，结构图像：梁琰；CG 动画：梁琰（创意、3D 模型），上海映速（动画：宗梁、刘帅、邝江俊；材质、灯光、后期：宗梁）。书籍的排版由陈磊完成。

作者梁琰的致谢

对于"美丽化学"网站的致谢　首先要感谢中科大先研院和清华大学出版社使制作"美丽化学"项目成为现实。另外，要感谢中国科学技术大学科技传播系的周荣庭系主任和王国燕老师，因为二位的支持和帮助，我才能来到中国科学技术大学这个优秀的平台上施展才能。感谢中国科学技术大学化学实验教学中心为拍摄化学反应提供场地和药品。感谢秦健博士（芝加哥大学）、Felice Frankel（MIT）、江海龙博士（中国科学技术大学）、马明明博士（中国科学技术大学）、王顺博士（上海交通大学）、张一帆（中国科学院化学研究所）、Charles Xie 博士（Concord Consortium）、吴扬博士（清华大学）、孙晓明博士（北京化工大学）、李峰博士（中国科学院金属研究所）在网站制作过程中提出的宝贵意见和建议。另外特别感谢中国化学会，在第 29 届学术年会上邀请我们介绍"美丽化学"项目（当时网站还没有上线）。感谢国内外媒体对项目的关注和报道，帮助我们把"美丽化学"传递给更多人。最后要衷心感谢所有关注过"美丽化学"的朋友，我们收到了很多热情的支持、鼓励和指正，这些都是我们继续努力工作的动力。

对于"美丽化学"书籍的致谢   首先要感谢我的家人对我的支持和理解，尤其是我的妻子在家庭方面的巨大付出。感谢我的朋友陈磊在手绘图像和排版方面的巨大贡献。感谢上海网晟网络科技有限公司的刘辉先生为"美丽化学"项目捐款 10 万元人民币，协助我们可以用最高水平完成化学史部分的内容。感谢上海映速为我们精心制作国际一流水准的历史化学仪器 CG 复原图像。感谢清华大学吴扬博士和王寅分别为书稿文字和封面设计提出的宝贵意见。感谢北京市科学技术委员会对书籍出版的经费支持。最后要衷心感谢责任编辑袁琦在书籍编写过程中给予的巨大帮助，也衷心感谢清华大学出版社各位领导对"美丽化学"书籍的大力支持。

附："美丽化学"项目成果一览

获得奖项
- 2015 年 2 月获得由美国国家科学基金会（NSF）和美国《大众科学》（*Popular Science*）杂志举办的 Vizzies 国际科学可视化竞赛视频类专家奖(Experts' Choice)。
- 2015 年 4 月获得由浙江省科技馆和果壳网举办的菠萝科学奖菠萝 U 奖。
- 2015 年 5 月获得由上海科技馆举办的上海科普微电影大赛最佳摄影奖。
- 2015 年 7 月获得第六届中国数字出版博览会 2014—2015 年度创新作品奖。

媒体报道
- 国内媒体：《中国青年报》、《中国科学报》、《环球人物》杂志、《扬子晚报》、新华网、果壳网、《环球企业家》杂志、《新安晚报》等。
- 国外媒体：《时代周刊》官网、探索频道、《赫芬顿邮报》等 10 多个国家的主流媒体。

参加展览
- 2014 年 12 月，中国电脑美术 20 年（北京中华世纪坛）。
- 2015 年 7 月，自然与艺术之谜特展（中国台湾"国立自然科学博物馆"）。
- 2015 年 8 月，上海国际科学与艺术展（上海中华艺术宫）。
- 2015 年 9 月，英国皇家摄影学会国际科学图像展（英国巡展）。

授权情况

- 2014 年 10 月 7 日，加拿大探索频道《每日星球》（*Daily Planet*）栏目对"美丽化学"项目进行报道。

- 2015 年 3 月，"美丽化学"中的一段视频被电影《对称》（*Symmetry*）采用。《对称》是在欧洲核子物理研究所（CERN）中，以宏伟的粒子对撞机为舞台背景拍摄的一部歌舞剧。

- 2015 年 3 月，授权 Red Beard 品牌在梅赛德斯–奔驰时装周（伊斯坦布尔站）上使用"美丽化学"视频，用于 T 形台背景视频。

- 2015 年 3 月 11 日，"美丽化学"视频出现在英国广播公司（BBC）《新闻之夜》（*Newsnight*）节目中，用来比喻英国当前的联合政府。

- 2015 年 4 月 22 日，"美丽化学"视频出现在由 2013 年诺贝尔和平奖得主"禁止化学武器组织（OPCW）"为化学武器第一次大规模使用 100 周年制作的纪录片《牢记伊普尔》（*Remembering Ieper*）中。

- 2015 年 11 月 8 日，"美丽化学"视频出现在 2015 腾讯 WE 大会的开场视频中，表现大会"向未来，共生长"的主题。包括 LinkedIn 联合创始人 Reid Hoffman 和 MIT 媒体实验室总监 Joi Ito 等重量级人物都在这次盛会上发表了精彩演讲。

- 其他授权包括：MIT 慕课课程、哥伦比亚大学化学系主页、剑桥大学出版社、HTC 等。

美丽化学公众号

原点阅读公众号

目　录

历　史

炼金术时期代表黄金的太阳符号

化学符号——化学语言的一部分

化学物质的名称和符号是化学语言的两个重要组成部分。早期的化学物质命名完全是经验性的，这就导致某些物质的名称与其化学性质之间存在分歧。到了 18 世纪中叶，化学的快速发展导致大量新物质被发现，之前陈旧的命名法已经无法满足化学家的要求。终于在 18 世纪末，拉瓦锡发起了现代化学革命，而革命的一项重要内容就是用建立在物质化学性质上的现代化学命名法取代之前的经验命名法。

化学符号的使用最早可以追溯到古希腊时期的手稿或者更早的埃及象形文字。专家认为，一小部分化学符号可能是由埃及象形文字演变而成，而另外一些化学符号是从古希腊手稿中的符号和文字缩写演变而来的。而在 17—18 世纪欧洲炼金术时期所使用的符号，大部分是由炼金术士创造的：一些符号是反应装置的图形化表示，而一些符号是完全随机的几何图形。使用化学符号的主要目的是减少文字，提高阅读效率，但很多炼金术士认为在化学符号中书稿作者隐藏了将廉价金属转变成黄金的奥秘。正是因为炼金术符号的神秘属性，以及这些符号特别容易引起混淆（很多符号非常类似，而且同一种符号可能代表不同的物质），一些学者在 18 世纪末建立了新的符号体系。拉瓦锡提出化学符号应该包含物质的化学信息。1808 年道尔顿发表的符号体系是一个巨大的进步（见第 8 页）。道尔顿为每个元素都设计了一个独特的圆形符号，而化合物的符号则由元素符号组合而成，并包含元素比例信息。但道尔顿的符号和炼金术符号一样不易书写和记忆。我们目前使用的现代化学符号系统（如钠：Na，食盐：NaCl，水：H_2O）要归功于贝采里乌斯。虽然贝采里乌斯并不是第一个使用化学元素首字母作为元素符号的科学家，但 1813 年前后他首次把这一符号系统应用到当时所知的几乎所有化学物质。

火 △

以太

水 ▽

气 △

土 ▽

开普勒的五元素。我们熟知的现代元素概念是由拉瓦锡在18世纪末提出的。在此之前，包括"火"、"水"、"气"、"土"的四元素说，或者另外包括"以太"在内的五元素说一直是西方学者认识物质世界的主导理论。在1619年出版的《世界的和谐》（*Harmonice Mundi*）一书中，开普勒又将五元素与柏拉图多面体联系在一起。按照开普勒的说法，火是最具有"穿透力"的元素，因此和柏拉图多面体中最为尖锐的正四面体相对应；以太不同于其他元素，没有冷、热、干、湿的性质，所以和最接近球体的正十二面体相对应。上图中"火"、"水"、"气"、"土"汉字旁边的图标是各元素对应的符号。【绘图依据：Kepler, J. *Harmonice Mundi* (1619)】

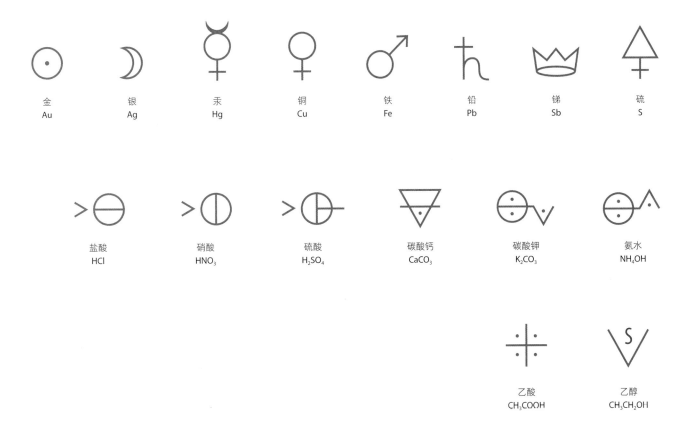

金 Au	银 Ag	汞 Hg	铜 Cu	铁 Fe	铅 Pb	锑 Sb	硫 S

盐酸 HCl	硝酸 HNO_3	硫酸 H_2SO_4	碳酸钙 $CaCO_3$	碳酸钾 K_2CO_3	氨水 NH_4OH

乙酸 CH_3COOH	乙醇 CH_3CH_2OH

炼金术时期的化学符号。上图是若弗鲁瓦在 1718 年发表的"化学亲和力表格"中所使用的一部分炼金术符号。文艺复兴后的炼金术时期,类似的符号被广泛使用,而若弗鲁瓦的亲和力表格也促进了炼金术符号流行。若弗鲁瓦认为表格中的炼金术符号可以使各种物质之间的化学反应关系一目了然。但是因为炼金术符号的神秘主义色彩以及难于记忆、易于混淆的缺点,炼金术符号的使用在 18 世纪末受到越来越多学者的抵制。1813 年贝采里乌斯提出现代化学符号系统(贝采里乌斯符号与现代符号唯一不同之处是:对于表示元素比例的数字,他使用上角标,而现在我们使用下角标)。和炼金术化学符号相比,现代化学符号(上图汉字下方)不但容易记忆和书写,而且包含更多信息,比如物质的化学元素组成和比例,以及有机物的基本分子结构。【绘图依据:Geoffroy, É. F. *Mémoirés de l'Academie Royale des Sciences* (1718)】

德布罗意波

原子结构——从原子论到量子理论

原子论由来已久。但是从公元前 5 世纪古希腊哲学家提出原子论到文艺复兴时期波义耳、牛顿等科学家让原子论再次流行，原子论似乎始终停留在哲学和物理层面，对解释物质的化学性质没有实际意义。

到了 19 世纪初，拉瓦锡现代化学元素概念的确立和普鲁斯特化合物定比定律（同一种化合物中不同元素的质量比为定值）的发现为道尔顿原子论的提出奠定了基础。1803 年道尔顿在他的笔记中清晰地描述了他的原子理论：（1）化学元素是由不可分割的微小原子组成；（2）同一种元素的所有原子都相同，不同元素具有不同的原子，而不同原子的区别在于其不同的质量；（3）化合物中的不同元素的原子数量比为简单的整数比。道尔顿的原子论为解释普鲁斯特化合物定比定律提供了清晰的微观依据，并在化学家中得到了迅速的普及。随着分析化学的发展，各种原子的相对原子质量和化合物的元素原子比例（也就是分子式）都被确定下来。

18 世纪末电子的发现使不可分割的道尔顿原子不再成立。19 世纪初各种关于原子内部结构的模型被提出。1913 年玻尔在卢瑟福原子核模型和普朗克量子理论的基础上，提出了革命性的量子原子模型。这个模型用简单的数学公式完美地解释了氢原子光谱。玻尔原子模型是量子理论在 20 世纪初的一次伟大胜利，而这之后不久出现的量子力学彻底改变了我们对微观原子世界的认识。目前人类对于原子结构的探索仍在继续。核物理学家正在研究原子核内部质子和中子的排布方式以及原子核的终极尺寸等问题。另外，我们现在知道质子和中子是由更小的基本粒子（夸克）组成的。通过宏伟的粒子加速器和高能粒子碰撞实验，粒子物理学家正在寻找和研究组成物质和辐射（如光）的基本粒子和它们之间的作用力，试图解释物质起源这一终极的科学和哲学问题。

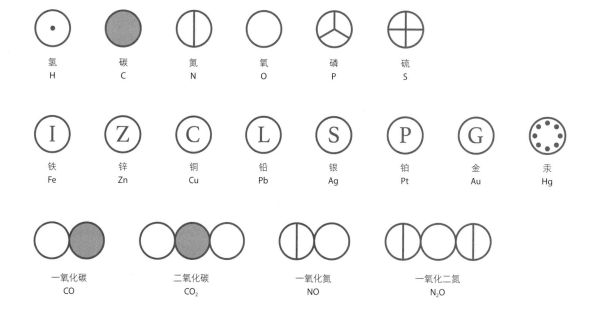

道尔顿原子论。早在公元前 5 世纪，希腊哲学家就提出了原子论思想。文艺复兴之后，波义耳和胡克等科学家也应用原子理论或微粒学说解释某些自然现象。但道尔顿在 1803 年提出的原子论与前人学说本质不同的两点是：（1）不同的元素具有不同的原子；（2）不同的原子具有不同的质量。19 世纪初，道尔顿的原子论在化学家中得到了广泛的认可，从而在理论层面推动了现代化学的发展。另外在 1808 年出版的著作《化学哲学新体系》（*A New System of Chemical Philosophy*）中，道尔顿为当时知道的每一种元素都设计了一个圆形的符号，并且用这些符号的组合来表示简单的化合物（上图）。但是由于当时很难精确测定原子的质量，道尔顿当时给出的很多化合物的原子比例都是错误的（上图有意回避了比例错误的化合物）。【绘图依据：Dalton, J. *A New System of Chemical Philosophy* (1808)】

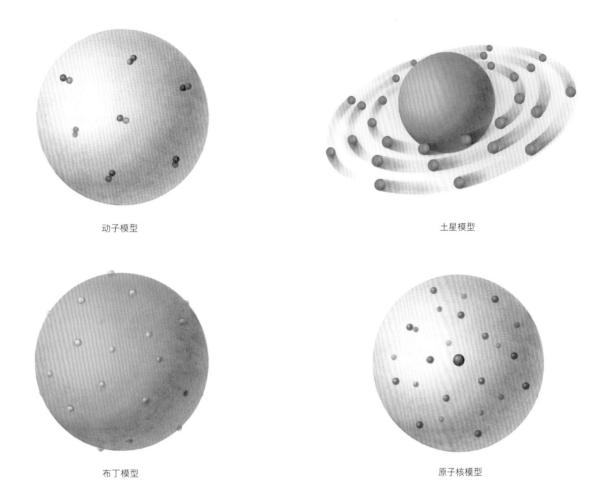

动子模型

土星模型

布丁模型

原子核模型

早期原子模型。道尔顿的原子是不可分割的最小单元。但从 1897 年汤姆孙发现电子开始，新的实验结果让科学家认识到原子也存在着复杂的内部结构。20 世纪初期出现了一系列原子模型。上图包括了 4 个模型，其中红色表示带正电，蓝色表示带负电。**动子模型**：由莱纳德于 1903 年提出。莱纳德认为原子中存在微小的"动子"（dynamid），每个动子包含一个正电荷和一个负电荷，所有动子被一个大部分为空的球形外壳所包围。**土星模型**：由长冈半太郎于 1904 年提出。长冈半太郎认为原子与土星类似，由中心带正电的球体和围绕球体旋转的电子组成。**布丁模型**：由汤姆孙于 1904 年提出。汤姆孙认为原子由带正电的球形外壳和在其上运动的电子组成。**原子核模型**：由卢瑟福于 1911 年提出。卢瑟福认为原子由位于中心带正电的原子核和围绕原子核运动的电子组成，原子核体积极小但集中了原子的大部分质量。【绘图依据：Ihde, A. J. *The Development of Modern Chemistry* (1964)】

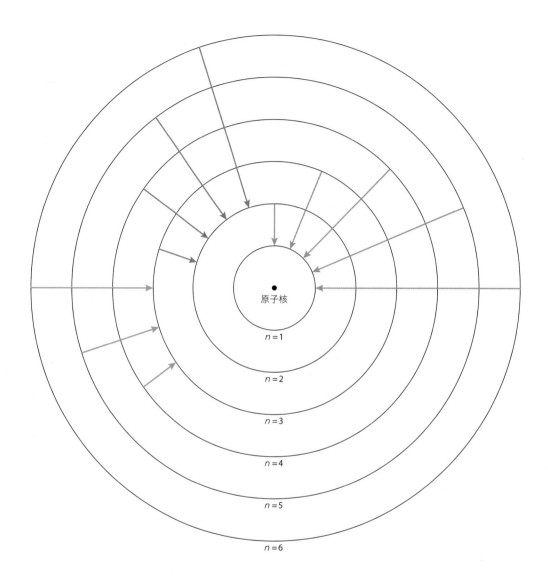

玻尔量子原子模型。1913 年，玻尔提出了量子原子模型，这是现代科学史上最具革命性的理论模型之一。玻尔的量子原子类似一个微型的太阳系：一系列电子轨道环绕着中心带正电的原子核。每一个轨道都有特定的能量，低能轨道接近原子核，高能轨道远离原子核。电子必须处于某一个轨道中，具有该轨道的能量。电子可以从一个轨道跃迁到另一个轨道，前提是电子必须吸收（从低能到高能轨道）或放出（从高能到低能轨道）具有特定能量的光子，而光子的能量就是两个轨道之间的能量差。玻尔的量子轨道完美地解释了氢原子光谱（上图箭头显示了氢原子光谱中的莱曼系、巴耳末系和帕申系），也为随后出现的路易斯化学键理论奠定了基础。1922 年玻尔因量子原子模型而获得诺贝尔物理学奖。【绘图依据：Bohr, N. *Phil. Mag.* **26**, 1 (1913)】

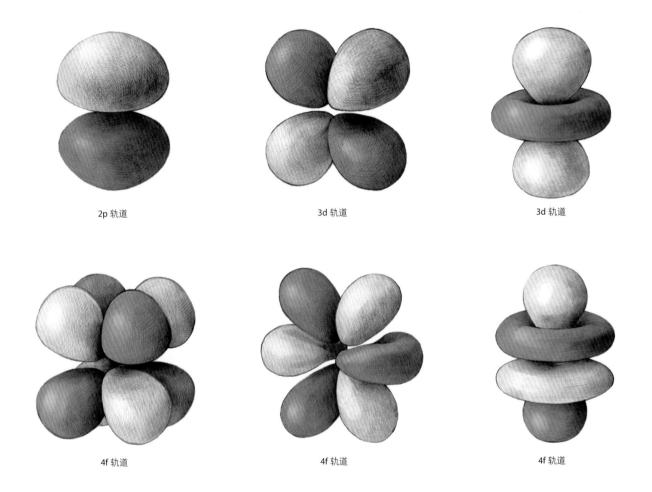

2p 轨道　　　3d 轨道　　　3d 轨道

4f 轨道　　　4f 轨道　　　4f 轨道

量子力学中的原子轨道。虽然玻尔的量子原子模型成功地解释了氢原子和其他单电子原子（如带一个正电荷的氦离子）的某些性质，但对多电子原子玻尔模型仍存在很大的局限性。1920 年至1930 年短短 10 年间，德布罗意、海森堡、薛定谔等著名物理学家建立了量子力学，成为现代科学研究微观原子世界的基础理论。量子力学用完美的数学公式描述电子在原子核周围出现的概率，而原子轨道在量子力学中可以理解成具有特定属性的电子在空间中的概率分布。化学家为了让这些抽象的数学概念更容易被理解和应用，经常用图像的形式表现原子轨道。对于上图显示的原子轨道，其三维表面是电子出现概率相同的等值面，即电子在该表面不同位置出现的概率相同。而等值面的选择依据是电子在等值面所包围的空间内出现的概率为 90%。【绘图依据：根据达姆施塔特应用科技大学伊梅尔博士构建的 3D 原子轨道模型绘制】

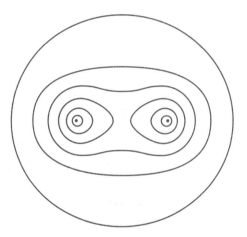

氢分子电子密度分布
London, F. *Zeitschrift für Physik* **46**, 455 (1928)

化学键——一切化学结构的基础

化学键是化学中的重要概念。原子通过共价化学键结合成分子，正负离子通过离子键结合成离子晶体，金属原子通过金属键形成金属晶体。这些化学键都与电子相关。但值得一提的是，在电子发现之前就出现过一些早期的化学键理论。例如，牛顿曾经在《光学》（*Opticks*）中指出："（组成物质的）粒子之间存在一定的吸引力，当粒子非常靠近时作用力十分强大，当粒子间的距离很小时可以发生化学反应，当距离稍远时作用力将变得微乎其微。"

在玻尔提出量子原子模型之后，最有影响力的化学键理论是路易斯在 1916 年提出的以八电子规则为核心的化学键理论。根据该规则，他成功地解释了离子化合物之间的相互作用（离子键），并首次提出共享电子对和共价键的概念。共享电子对和路易斯结构式作为实用化学工具沿用至今。另外，在路易斯理论上发展起来的价层电子对互斥理论（VSEPR）可以非常直观地预测简单化合物的立体结构。

量子力学的建立促进了化学键理论的快速发展。价键理论（VB）、原子轨道线性组合理论（LCAO）、杂化轨道理论、密度函数理论（DFT）等从不同角度揭示了化学键的性质。随着计算机性能的快速提升，依据这些理论编写的计算机软件已成为化学家研究物质结构和性质的重要工具。例如，化学家可以在计算机上模拟化学键的形成和断裂，为化学实验提供理论解释和参考。

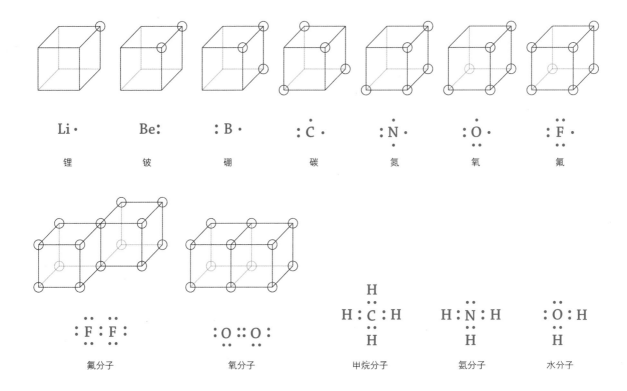

路易斯化学键理论。1916 年，路易斯提出了符合玻尔原子模型的化学键理论。为了便于理解，他将原子的外层电子放在立方体的顶点上；当立方体的 8 个顶点都没有电子或全部被电子占据时，得到稳定的原子结构。这样外层只有 1 个电子的锂原子可以将电子转移给外层有 7 个电子的氟原子，从而得到外层没有电子的锂正离子和外层有 8 个电子的氟负离子，两者形成稳定的离子化合物氟化锂（LiF）。类似地，外层有 6 个电子的氧原子需要和两个锂原子结合，每个锂原子向氧原子转移一个电子，形成离子化合物氧化锂（Li_2O）。共价化合物可以通过共享立方体的一条边（如两个氟原子）或立方体的一个面（如两个氧原子）的方式，分别形成单键或双键，使每个原子都达到稳定结构。在 1916 年的论文中，路易斯也同时给出了一种在元素符号周围用小点表现外层电子排布的结构式（上图蓝色），并用共享的电子对表示共价键。这种结构式后来被称作路易斯结构式，作为讲解化学键的有效工具仍在化学教科书中被广泛使用。【绘图依据：Lewis, G. N. J. Am. Chem. Soc. **38**, 762 (1916)】

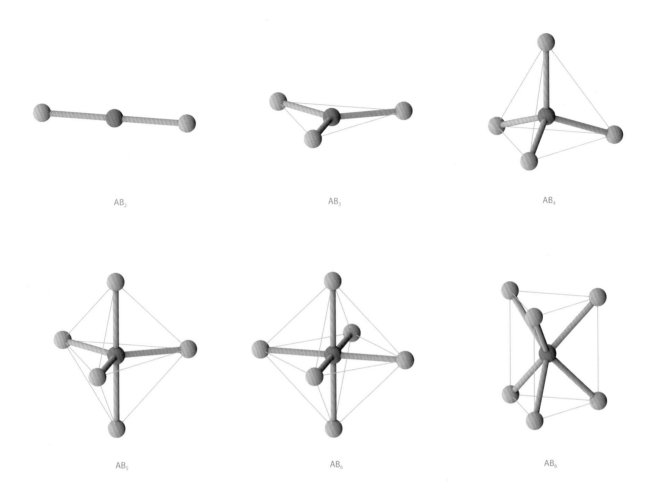

AB_2

AB_3

AB_4

AB_5

AB_6

AB_6

价层电子对互斥模型。在路易斯化学键理论的基础上，西奇威克等几位科学家在 1940 年前后共同发展了价层电子对互斥模型（VSEPR）。该理论认为电子对相互排斥，从而可以预测简单分子的立体结构。例如由于甲烷分子（CH_4）的四对成键电子相互排斥，最稳定的立体结构是正四面体：碳原子位于正四面体的中心，4 个氢原子位于正四面体的 4 个顶点。上图是由 VSEPRE 理论给出的一些简单的三维分子结构。【绘图依据：Sidgwick, N. V. and Powell, H. M. *Proc. R. Soc. Lond. A* **176**, 153 (1940)】

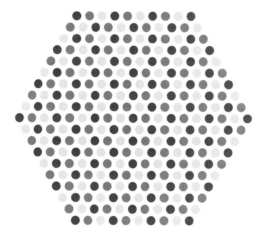

硅晶体结构

晶体结构——从宏观形状到微观原子排列

早期的晶体学研究主要集中于晶体的外部形状和对称性。通过用精密的测角仪测量晶体表面之间的夹角，可以确定晶体的对称性；而晶体的宏观对称性是当时晶体分类的重要依据之一。

18 世纪末，阿羽依首次在数学层面将晶体的宏观形状和微观周期性联系在一起。1781年阿羽依不小心摔碎了一块碳酸钙晶体。在碎片中，他意外地发现了微小的菱面体（六个面都是菱形的平行六面体）。经过这次偶然的事故，以及后来对于晶体切割的系统研究，阿羽依得出晶体是由微小的构成分子周期排列而成的结论，并给出了晶体宏观形状和微观构成分子周期排列之间的数学联系。阿羽依的构成分子和我们现在的分子概念不同，他的构成分子是微小的几何形体（如平行六面体），不同晶体具有形状不同的构成分子。

1802 年的劳厄 X 射线晶体衍射实验是晶体学方面的重大突破。在此之前，科学家只能猜测晶体的内部结构。劳厄实验之后不久，由布拉格父子提出的 X 射线晶体衍射理论使科学家可以精确解析晶体中原子排列的方式。确定固体材料中原子的排列方式是了解材料各种物理和化学性质的基础。例如，对半导体材料晶体结构的认识是研究其电学性质的基础，而对半导体电学性质的深入研究和精确控制导致了计算机的产生和今天的信息革命。另外通过用 X 射线衍射实验研究由有机小分子和生物大分子形成的晶体，极大地推动了我们对分子三维结构的认识，尤其是用 X 射线衍射技术解析的生物大分子（如蛋白质）的三维结构，为科学家在分子尺度下探索生命的奥秘提供了可能。

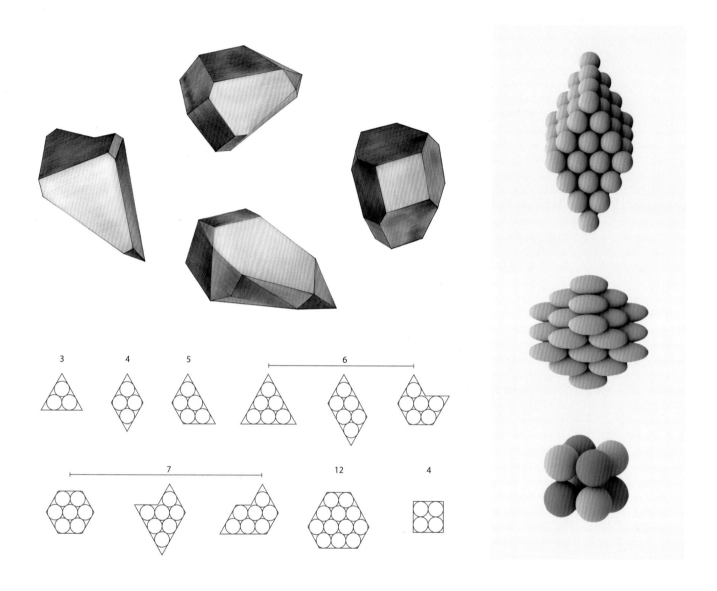

晶体微粒理论。在显微镜下，胡克观测到微小的晶体具有形状规则的表面（上图左）。他因此推测晶体是由大小相同的球形微观粒子组成的，球形粒子通过规则排列便可形成与所观测晶体表面类似的形状。比如 3 个粒子可以形成等边的三角形，4 个粒子可以形成菱形，5 个粒子可以形成一个等腰梯形等。胡克也提到 4 个小球可以组成一个正四面体，但并没有详细叙述其他可能的三维结构。沃拉斯顿进一步发展了胡克的理论（上图右）。在 1897 年的一篇论文中，他简要分析了球形粒子的堆积、椭球形粒子的堆积，以及不同球形粒子的堆积。【绘图依据：Hooke, R. *Micrographia* (1665)；Wollaston, W. H. *Philos. Trans. R. Soc. Lond.* **8**, 527 (1897)】

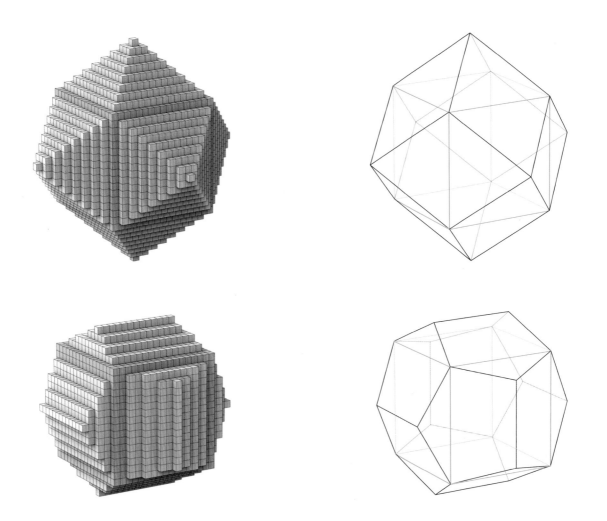

阿羽依晶体理论。阿羽依通常被认为是现代晶体学之父。他认为晶体是由规则排列的"构成分子"组成的，不同的晶体具有形状不同的构成分子。阿羽依的构成分子与现代晶体学中的晶胞类似。阿羽依提出递减定律，用以解释同一晶体不同宏观几何形状之间的微观联系。例如，一个构成分子为正方体晶体，假定其初始形状也是一个正方体（上图绿色），当向晶体的六个表面添加新的分子层（上图灰色），并保证每个新的分子层的四边都向层中心递减一个分子时，最后可以得到每个面均为菱形的十二面体。如果在添加分子层的过程中，每个分子层的两个对边向层中心递减一个分子，另外两个对边缩减两个分子，最后得到每个面均为五边形的十二面体(不是正十二面体)。阿羽依的理论在当时是非常先进的。他的递减定律和现代晶体学中的晶面有一定联系。【绘图依据：Haüy, R. J. *Traité de Minéralogie* (1801)】

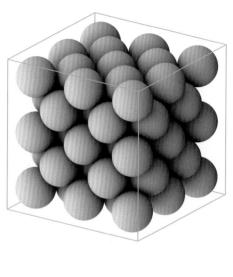
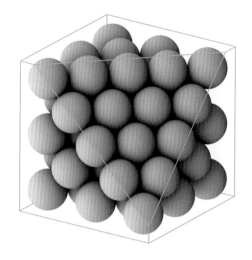

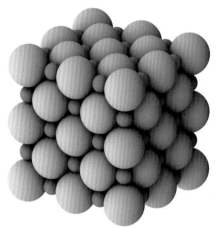

类似氯化钠的晶体结构

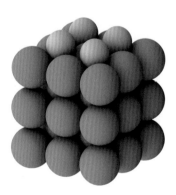

类似氯化铯的晶体结构

巴洛晶体结构预测。在 X 射线衍射实验手段出现之前，科学家曾提出一些可能的晶体结构模型。其中最有代表性的是 1897 年巴洛发表的一系列晶体模型。对于由同一种原子组成的晶体，巴洛将原子看作实心球，晶体结构则是实心球的最紧密堆积（相同小球最紧密堆积的方式有两种，上图显示了其中一种）。在此基础上，巴洛进一步分析了两种具有不同尺寸小球的堆积方式，并正确地预测了与氯化钠和氯化铯类似的晶体结构。【绘图依据：Barlow, W. *Sci. Proc. R. Dublin Soc.* **103**, 51 (1897)】

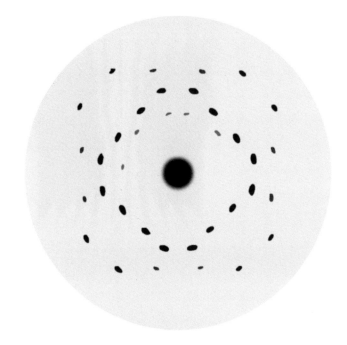

劳厄晶体衍射实验。1912 年，也就是伦琴发现 X 射线的 17 年后，劳厄突然有了一个绝妙的想法：如果 X 射线的波长与晶体内原子间的距离接近，那么当 X 射线通过晶体时是否会发生衍射？几个月后，在两名出色的实验科学家的协助下，劳厄的猜想得到了验证，他们得到了第一幅 X 射线晶体衍射照片。左上图是劳厄等在 1912 年发表的闪锌矿（ZnS）晶体 X 射线衍射照片的示意图。劳厄的 X 射线晶体衍射实验不但证实了 X 射线的电磁波属性，也为科学家提供了一个研究微观结构的有效手段。这个实验也被爱因斯坦称为最伟大的物理实验之一。1914 年劳厄因 X 射线衍射实验而获得诺贝尔物理学奖。【绘图依据：Thomas, J. M. *Nature* **491**, 186 (2012)】

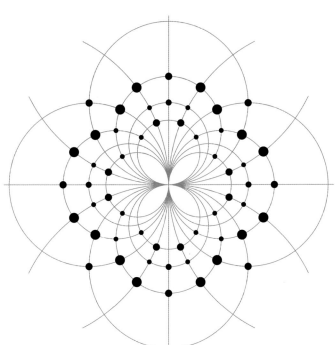

布拉格公式。劳厄的 X 射线衍射实验在学术界引发了轰动，但圆满解释劳厄实验结果并为 X 射线衍射实验推广做出巨大贡献的是布拉格父子。布拉格父子因此获得 1915 年诺贝尔物理学奖。劳厄错误地认为，晶体中的原子在受到入射 X 射线激发后，将释放出新的 X 射线并发生衍射。而布拉格父子指出产生衍射的原因是 X 射线在某些晶面上反射，而这些晶面之间的距离满足著名的布拉格公式。根据这一原理，布拉格父子将实验装置从透射式改成反射式。他们的贡献使解析晶体结构成为现实，他们对食盐和钻石晶体结构的解析在当时都是非常重要的成果。此后 X 射线衍射技术迅速发展，科学家可以用这个技术解析复杂无机物、有机小分子、DNA 以及蛋白质的三维结构（本书后面我们将看到相关的应用）。左下图是于 1915 年出版的布拉格父子著作《X 射线与晶体结构》（*X Rays and Crystal Structure*）中的一个插图，图中给出了食盐晶体在发生劳厄 X 射线衍射时斑点出现的理论位置。【绘图依据：Bragg, W. H. and Bragg, W. L. *X Rays and Crystal Structure* (1915)】

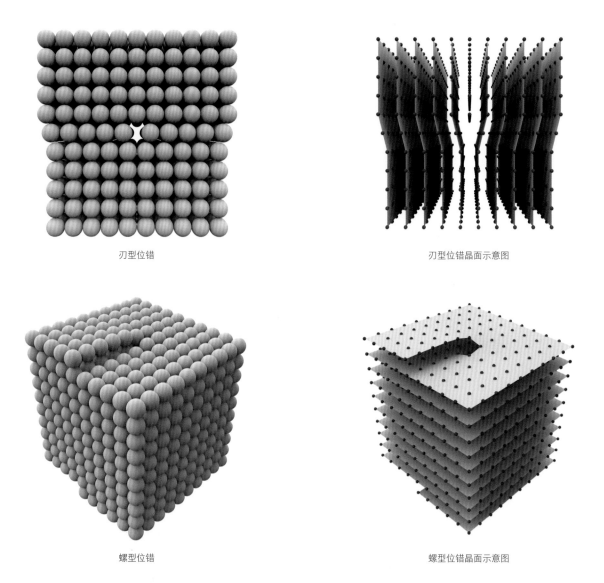

刃型位错

刃型位错晶面示意图

螺型位错

螺型位错晶面示意图

位错。晶体结构中经常会出现各种缺陷，这里我们介绍其中的一种——位错。位错包括刃型位错和螺型位错两种基本类型。位错的概念最早由泰勒等科学家在 1934 年提出。1956 年赫希等科学家第一次用透射电子显微镜观测到位错的存在。金属的力学性质与位错有关。当金属发生宏观的塑性变形时，在微观尺度下会产生新的位错，并引起位错的滑移。另外螺型位错也可以影响晶体的生长过程，产生可以用显微镜观测到的螺旋结构。【绘图依据：Read, W. T. *Dislocations in Crystals* (1953)】

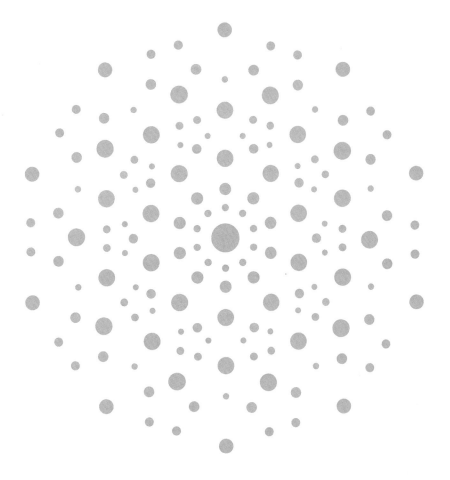

准晶。1982 年，谢赫特曼在用电子衍射实验研究一块快速冷却的铝锰合金时，发现了一幅让他难以置信的衍射图谱（上图）。图谱的斑点和晶体衍射产生的斑点一样清晰，但令谢赫特曼困惑的是图谱的正十边形对称性，这在晶体结构中是不可能出现的。谢赫特曼很快认识到他观测到的是一种全新的固体结构：这种结构不具有周期对称性，但具有长程有序性，因此可以产生清晰而孤立的衍射斑点。谢赫特曼在 1984 年发表了他的结果，之后科学家将这种新的固体结构命名为准晶，并认识到准晶结构和彭罗斯拼图（见第 100 页）的相似性。准晶的发现引发了学术界的激烈争论。包括两次诺贝尔奖得主鲍林在内的许多科学家都否认准晶的存在。鲍林严厉地指出"没有准晶，只有准科学家"。但随着研究的深入，越来越多的证据表明准晶的存在。1992 年国际晶体学联合会修改了对晶体的定义，将准晶包括在新定义中。2011 年谢赫特曼因发现准晶而获得诺贝尔化学奖。准晶概念的确立是现代科学史上新理念挑战旧理念的一个典型的代表。【绘图依据：Shechtman, D. *et al. Phys. Rev. Lett.* **53**, 1951 (1984)】

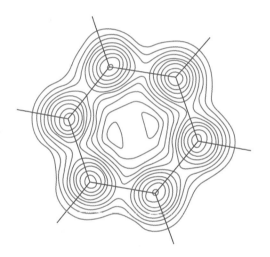

苯分子电子密度图
Cox, E. G. *Rev. Modern Phys.* **30**, 159 (1958)

有机分子结构——碳原子的无限可能

在有机化学发展初期，人们普遍认为有机化合物的化学性质仅取决于其元素组成。1820 年后，科学家逐渐发现了一些特殊的有机物：它们具有相同的元素组成，但却表现出不同的化学性质。这说明有机物中原子组合和排列的方式会影响有机物的性质。1830 年贝采利乌斯开始用"同分异构体"来命名这类物质。

随着化学元素分析精度的提高和对有机物化学性质的深入研究，化学家发现有机物中存在着一些化学组分固定的基团，如甲基（CH_3—），苯基（C_6H_5—）等。1858 年凯库勒提出了四价碳原子理论，即碳原子通过 4 根化学键与其他原子（包括其他碳原子）相连。这是有机分子结构方面最为重要的理论之一。

1875 年，范托夫提出四价碳原子的正四面体模型，并用此模型解释具有镜面对称关系和相反旋光性的对映异构体。从此有机分子立体结构的重要性被广泛接受，立体化学成为化学学科的一个新的分支。

20 世纪 X 射线衍射技术成为化学家研究分子立体结构的强大工具。一系列结构方面的难题终于得到了完美的解决，例如苯环的平面结构和对映异构体结构的绝对确认等。X 射线衍射技术的发展，使科学家可以解析复杂天然产物的三维结构，成为研究这些天然产物生物活性和化学合成的基础。在这方面的一个著名例子是 1955 年由霍奇金解析的包含 181 个原子的维生素 B_{12} 结构。

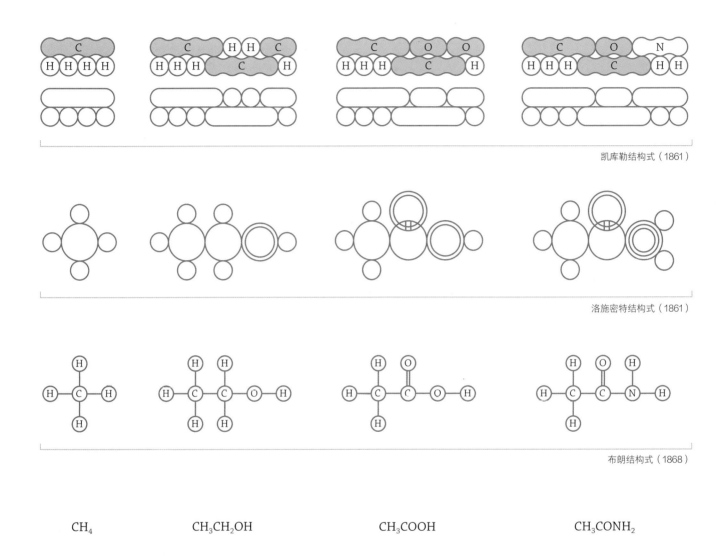

凯库勒结构式（1861）

洛施密特结构式（1861）

布朗结构式（1868）

CH₄   CH₃CH₂OH   CH₃COOH   CH₃CONH₂

有机分子结构式。从 1827 年开始，科学家认识到一类具有相同元素组成、不同化学性质的有机化合物（同分异构体），说明分子中原子的排列方式可以影响物质的化学性质。随着对有机化合物分子结构的深入了解，科学家开始用结构式表现有机分子中原子排列方式。上图展示了几位科学家在 1861—1868 年间使用的结构式。再后来，因为甲基、羟基、羧基等基团的结构已经被广泛认识，可以直接用 CH₃、OH、COOH 等表示，于是便有了最为简洁的现代有机分子结构式（上图最下一行）。【绘图依据：Ihde, A. J. *The Development of Modern Chemistry* (1964)】

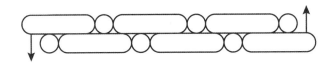
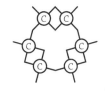
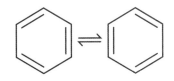

1865 年凯库勒苯分子结构式

1872 年凯库勒苯分子结构式

克劳斯结构式 I

克劳斯结构式 II

拉登堡结构式 I

拉登堡结构式 II

阿姆斯特朗结构式

苯分子结构。早在 19 世纪，化学家就知道苯的分子式是 C_6H_6，因而猜测苯环中应该存在多个碳碳双键。但让当时化学家感到困惑的是，苯并不表现出碳碳双键的化学性质。1865 年凯库勒提出了一个单双键交替出现的六元环结构。但是一些化学家并不赞同凯库勒结构式中碳碳双键的存在，因而提出了其他一些可能的结构式（上图下方）。1872 年，凯库勒为了解决早期模型的局限性，提出一个新的模型。他指出苯环中碳原子间的化学键在单键和双键之间迅速变化，因此苯表现出不同于碳碳双键的性质。凯库勒 1865 年的苯环结构式虽然具有一定局限性，但仍然被当时的化学家广泛采用并沿用至今。【绘图依据：Ihde, A. J. *The Development of Modern Chemistry* (1964)】

对于苯分子的立体结构，大部分科学家认为苯环是一个平面分子。但也有科学家认为苯环中的碳原子是上下起伏的：3 个不相邻的碳原子在上，另外 3 个在下。直到 1928 年朗斯代尔通过 X 射线衍射实验解析了六甲苯的晶体结构（六甲苯在常温下是固体，而苯是液体），才最终证明苯环的平面结构。实验也得到苯环中的碳碳键长约为 1.4 Å（0.14nm），介于碳碳单键和双键键长之间。

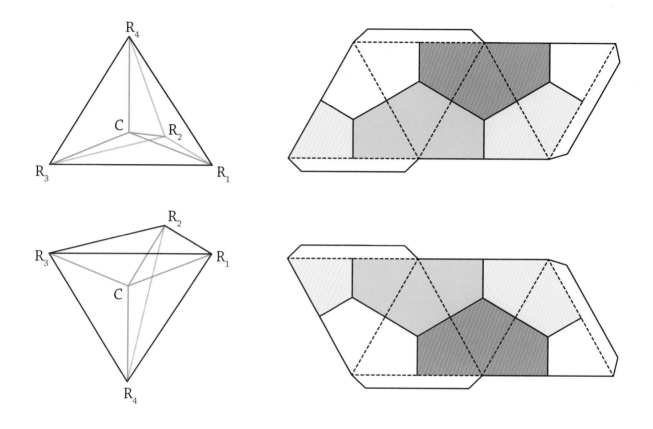

立体化学。19世纪初期，毕奥发现一些有机物的溶液具有旋光性，可以使通过溶液的平面偏振光旋转。巴斯德系统研究了酒石酸的旋光性，发现了两种化学性质完全相同但旋光性相反的酒石酸（定名为"左旋"和"右旋"酒石酸），并猜测旋光性和有机物内部结构的非对称性有关。1875年范托夫指出有机物的旋光性是因为分子中非对称碳原子的存在。范托夫提出了以碳原子为中心的正四面体模型。当碳原子与处于正四面体顶点的四个不同的基团相连时，所得到的分子将存在与之互为镜像的"对映异构体"（上图左），就像人的左手和右手。而一对互为对映异构体分子具有相反的旋光性。为了普及自己的理论，范托夫还在1877年出版的著作《原子的空间排布》（ *Die Lagerung Der Atome Im Raume* ）中提供了制作一对互为镜像正四面体的平面展开图（上图右）。尽管范托夫的理论在当时引发了不小的争议，最终非对称碳原子成为立体化学中的一个重要概念。可是化学家仍然不能确定两个互为镜像的分子结构到底哪个是"右旋"结构，直到1951年比沃特等科学家用X射线衍射实验确定了天然右旋酒石酸的立体结构。让化学家欣慰的是，先前指定的只有50%正确可能的右旋结构与比沃特实验结果是一致的。[绘图依据：van't Hoff, J. H. *La chimie dans l'espace* (1875); van't Hoff, J. H. *Die Lagerung Der Atome Im Raume* (1877) 】

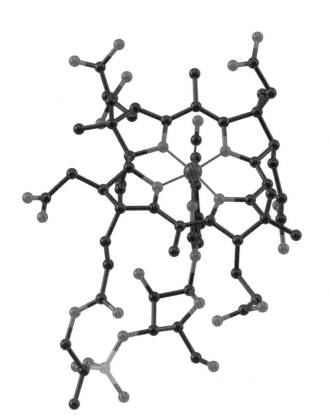

维生素 B_{12} 三维结构。1955 年，霍奇金等科学家发表了用 X 射线衍射实验解析的维生素 B_{12} 的三维分子结构（上图左，没有显示氢原子），这在有机化学史上是一个里程碑。霍奇金也因为这项成果而获得 1964 年诺贝尔化学奖。科学家首次发现维生素 B_{12} 是在 20 世纪 40 年代。维生素 B_{12} 是一个非常复杂的有机分子，包含 181 个原子（分子式：$C_{63}H_{88}CoN_{14}O_{14}P$），其核心是含有一个钴离子的咕啉环。维生素 B_{12} 三维结构的确定为其化学合成奠定了基础。17 年后，经过美国和瑞士科学家的多年合作，终于完成了维生素 B_{12} 的全合成。这一成就成为有机化学史上的另一个里程碑。【绘图依据：Hodgkin, D. C. *et al. Nature* **178**, 64 (1956)；Marino, N. *et al. Inorg. Chem.* **50**, 220 (2011)】

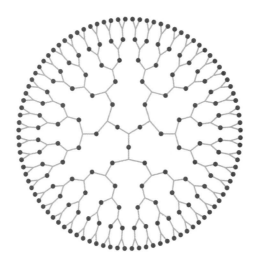

树枝状聚合物

（聚合物通常为线性结构，但也可以是网状或树枝状结构）

聚合物——高分子概念的建立

"聚合物"这个名称最早由贝采利乌斯在 1833 年提出。但当时的聚合物概念和现在完全不同。贝采利乌斯提出聚合物的目的是为了区分两类物质，第一类是同分异构体；第二类是分子中元素比例相同但分子质量不同的物质，如乙烯（C_2H_4）、丁烯（C_4H_8）和己烯（C_6H_{12}）。在贝采利乌斯的定义中，丁烯和己烯都是乙烯的聚合物。

而现在的聚合物概念，即聚合物是小分子重复单元通过共价键结合形成的相对分子质量极大的高分子，是由施陶丁格在 1920 年后提出的。在此之前，化学家并不相信有高分子的存在。因此高分子概念提出后引发了学术界小分子和高分子两派的激烈争论。诺贝尔化学奖得主威兰在 1926 年给施陶丁格的信中写道："亲爱的同事，放弃高分子的想法吧。相对分子质量超过 5000 的有机分子不可能存在。提纯诸如橡胶之类的物质，它们会结晶并证明是低分子质量的化合物。"这场争论持续了近 15 年，最终以高分子阵营大获全胜告终。此后，最早由库恩等提出的柔性聚合物模型和统计力学方法成为研究聚合物化学和物理性质的理论基础。

高分子概念的建立促进了聚合物材料的快速发展。如今人工合成的聚合物已经遍布我们生活的各个角落。环顾四周，桌面的油漆、计算机的键盘、电线的绝缘层、胶带、圆珠笔的外壳、背包的面料、鞋底、食品包装袋、饮料瓶、椅子的坐垫几乎都属于聚合物材料。很难想象如果没有合成聚合物，我们的生活会变成什么样子。

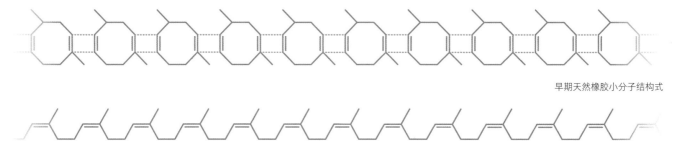

早期天然橡胶小分子结构式

天然橡胶高分子结构式

小分子与高分子。天然橡胶是人类最早使用的聚合物之一。早在 1736 年，德拉孔达米纳就将橡胶从南美洲引入欧洲。之后很多聚合物被化学家在实验室合成出来。1910 年，第一种聚合物塑料（酚醛树脂）由通用贝克莱特公司商业化。然而面对众多聚合物方面的实验成果，当时的化学家普遍认为聚合物是小分子通过非共价键作用（如上图绿色虚线）组成的"复合体"。1920—1922 年，施陶丁格第一次提出聚合物是"高分子"（macromolecule）的概念，并指出高分子是小分子重复单元通过共价键连接形成的分子质量极大的长链分子，天然橡胶、淀粉、赛璐珞等物质都属于高分子。施陶丁格高分子概念的提出为之后高分子化学的快速发展奠定了基础，而随后出现的一系列聚合物材料，如尼龙纤维、聚乙烯薄膜、聚苯乙烯塑料等迅速改变了人类的生活。1953 年，施陶丁格因在高分子化学上的发现而获得诺贝尔化学奖。【绘图依据：Mülhaupt, R. *Angew. Chem. Int. Ed.* **43**, 1054 (2004)】

刚性聚乙烯模型

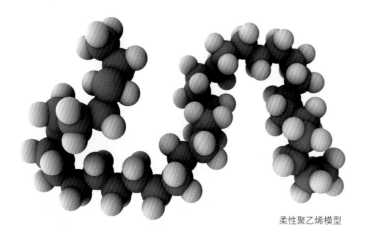

柔性聚乙烯模型

刚性与柔性分子链。虽然施陶丁格成功指出聚合物的高分子属性，但他的聚合物模型具有明显的缺陷。施陶丁格认为聚合物是刚性的、像木棍一样的长链。这种刚性模型在解释高分子的物理化学性质时具有明显的局限性。1930—1934 年库恩等提出柔性聚合物模型，并首先应用统计热力学和随机游走模型来研究聚合物溶液黏度等物理化学性质，得出更符合实验结果的聚合物理论。直到 1951 年，施陶丁格仍然固执地坚持聚合物的刚性链模型。但在 1953 年的诺贝尔奖演讲中，他对库恩的聚合物理论给予了肯定。【绘图依据：刚性和柔性聚乙烯分子模型使用 Chem3D 生成】

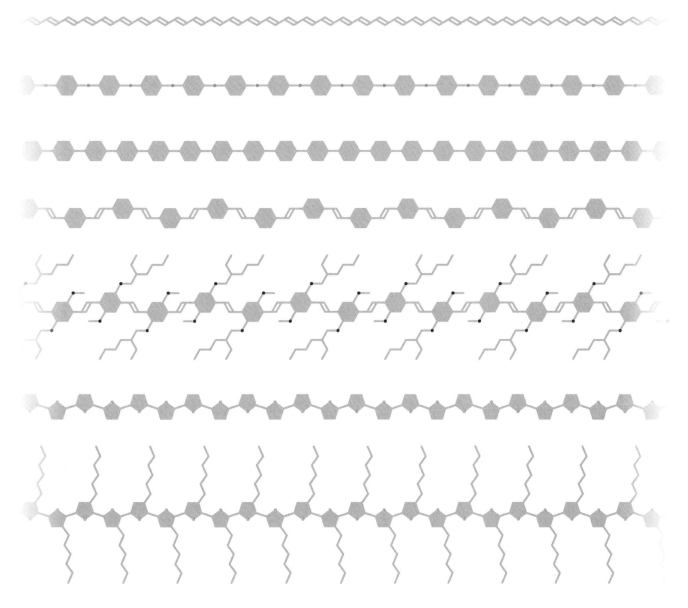

导电聚合物。 1977 年黑格、麦克迪尔米德和白川英树发现当聚乙炔薄膜与碘蒸气接触后，薄膜的导电性会增加几个数量级。这项研究掀起了对导电聚合物的研究热潮，而此前人们普遍认为聚合物是优秀的绝缘体。1977 年后，化学家合成出一系列导电聚合物（上图）。这些聚合物在如发光二极管、三极管、太阳能电池等电子器件中的应用，标志着一个新兴交叉学科——"塑料电子学"的诞生。2000 年，前面提到的三位科学家因对导电聚合物的发现和发展分享了诺贝尔化学奖。上图中六边形表示苯环，五边形表示噻吩坏，蓝点表示氮，红点表示氧，橘点表示硫。

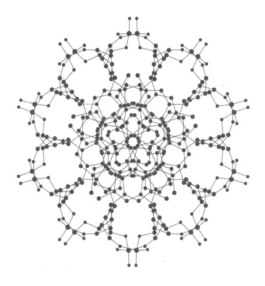

DNA 分子轴向投影

生物大分子——精密的分子机器

DNA、RNA 和蛋白质都属于生物大分子。它们在细胞内犹如精密的分子机器；一个细胞的生长、分裂以及正常的凋亡都依赖于其内部数百万分子机器的协调运转。

1953 年由沃森和克里克提出的 DNA 双螺旋结构和 1958 年由肯德鲁等解析的肌红蛋白三维结构，是人类在分子尺度上理解这些分子机器运作机制的开始。之后建立的结构生物学的主要目的就是要从生物大分子的三维结构出发，研究它们在细胞中的功能。蛋白质的结构和功能是结构生物学家关注的主要方向。到目前为止，科学家通过 X 射线衍射技术、电子显微技术、核磁共振等手段解析的蛋白质结构数目已经超过 10 万。但其中的大部分结构存在相似性。如果将相似的结构归类，可以得到 2000 多个蛋白质超级家族。根据这些已知的结构，科学家已经可以利用计算机准确地预测少数简单的蛋白质结构。但是如果不依靠已知结构，目前还没有一种计算机算法可以从蛋白质的氨基酸序列直接预测蛋白质的三维结构。另外，科学家发现细胞中大约有 40% 的蛋白质并不像肌红蛋白一样具有特定的结构。这些蛋白质被称为天然无序蛋白质，它们当中的一些在与其他生物大分子或小分子结合后，会形成特定的结构。从氨基酸序列预测蛋白质三维结构和研究天然无序蛋白质的生物功能是结构生物学家目前面临的两大难题。

在结构生物学发展初期（1950—1970 年），计算机图像还处于非常原始的状态。在把结构生物学这一新兴学科传播给大众的过程中，一位受过建筑师训练的科学插画家盖斯作出了突出的贡献。他绘制的 DNA 和各种蛋白质结构影响了当时一代结构生物学家，也为后来用计算机图像表现生物大分子奠定了基础。这里我们重新绘制了三幅盖斯的作品（见第 37 ~ 39 页），以此向这位大师致敬。

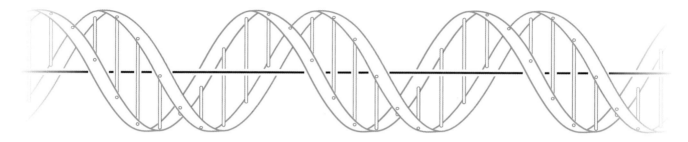

DNA 双螺旋结构示意图

DNA 原子模型（没有显示氢原子）

DNA 分子结构。1953 年沃森和克里克发表了著名的脱氧核糖核酸（DNA）双螺旋结构并揭示了 DNA 的复制机制，成为生命科学史上最为重要的事件之一，也标志着现代人类基因组学的开始。1962 年，沃森、克里克和威尔金斯因此获得了诺贝尔生理学或医学奖。2003 年 4 月，科学家完成了人类基因组计划，破译了人类基因组 30 亿对碱基的编码方式。科学家发现人类 DNA 包括 2 万多个编码蛋白质的基因，这些基因仅占全部 DNA 的 1.5%。其他 DNA 被称为非编码 DNA，它们的功能和存在的意义在当时还不清楚。2003 年 9 月，美国国家人类基因组研究所成立"DNA 元件百科全书"（Encyclopedia of DNA Elements, ENCODE）计划，旨在找出人类基因组中所有的功能组件，进一步了解基因组和人类健康之间的关系。根据 ENCODE 在 2012 年公布的研究成果，至少 80% 的非编码 DNA 都具有一种或一种以上的生物活性，而且很多非编码 DNA 都与基因表达调控有关。ENCODE 计划让科学家认识到人体内对基因表达的调控要远比先前的理论复杂。人类对自身遗传密码的认识仍在快速发展中。【绘图依据：Watson, J. D. and Crick F. H. *Nature* **171**, 737 (1953)；DNA 原子坐标使用 w3DNA 生成】

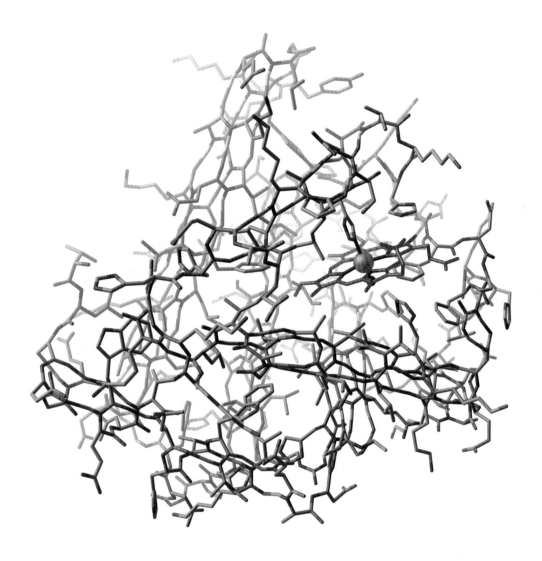

肌红蛋白三维结构。1958 年，肯德鲁等发表了肌红蛋白的三维结构，这是用 X 射线衍射实验解析的第一个复杂蛋白质的三维结构。肌红蛋白是人类和动物用于储存氧气的蛋白质。肯德鲁研究的肌红蛋白包括 2600 个原子，解析这个复杂的结构是科学史上的一次伟大的胜利，多位科学家为此花费了 20 多年的心血。在计算机图像技术还处于初级阶段的 20 世纪 60 年代，向公众展示这样复杂的三维结构是一个巨大的挑战。1961 年肯德鲁应邀为《科学美国人》（*Scientific American*）撰写一篇关于肌红蛋白三维结构的科普文章，而受过建筑师训练的科学插画师盖斯花了 6 个多月的时间为文章绘制了一幅壮观的肌红蛋白原子结构插图。上图是本书作者用现代计算机图像软件模仿盖斯 1961 年原图绘制的肌红蛋白结构（没有显示氢原子）。【绘图依据：Kendrew, J. C. *Sci. Am.* **205**, 96 (1961)；Watson, H. C. *Prog. Stereochem.* **4**, 299 (1969)】

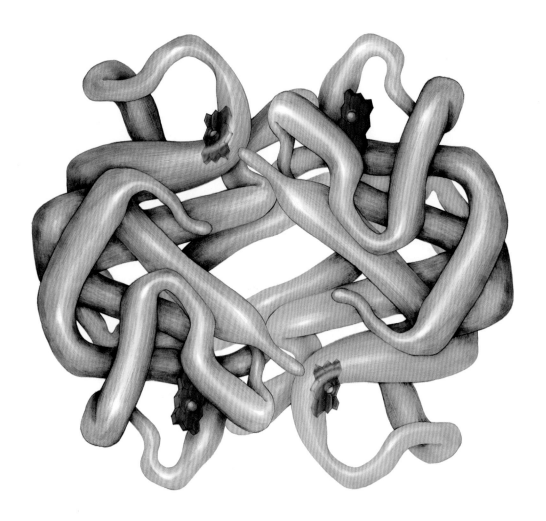

血红蛋白三维结构。1960 年，佩鲁茨发表了血红蛋白的三维结构。这是继肯德鲁的肌红蛋白后，第二个通过 X 射线衍射实验解析的复杂蛋白质结构。血红蛋白包含 4 个和肌红蛋白类似的蛋白质亚基，其功能是在血液中输送氧气。解析这个复杂蛋白质结构的关键是佩鲁茨在 1954 年发表的重原子替换方法，而最终得到血红蛋白的结构又花费了他 6 年的时间。在之后的学术生涯中，佩鲁茨的大部分研究都聚焦于血红蛋白分子。其中一项很重要的贡献是他从分子结构上完美地解释了血红蛋白结合和释放氧气分子的机制。1962 年佩鲁茨因其在蛋白质结构解析方面的先驱性工作与肯德鲁分享了诺贝尔化学奖。上图按照盖斯 1983 年血红蛋白结构示意图重绘。【绘图依据：Dickerson, R. E. and Geis I. *Hemoglobin* (1983)】

番茄丛矮病毒三维结构。在肌红蛋白和血红蛋白之后，被解析的蛋白质结构数量稳步增长。到 1976 年，已知的蛋白质结构达到 31 个。而 1978 年由哈里森等报道的番茄丛矮病毒的蛋白质衣壳结构，将已知蛋白质结构的复杂程度推向了一个全新的高度。番茄丛矮病毒蛋白质衣壳是一个由 180 个蛋白质亚基组成的，具有正十二面体对称性的球形结构。180 个亚基包括三种不同的蛋白质，在上图中以红、绿、蓝三色表示。其中有 120 个蛋白质亚基可能与病毒的 RNA 相互作用，在病毒自组装的过程中，将 RNA 封闭在衣壳中。此后，结构生物学家解析了一些具有重要生理功能的复杂蛋白质体系的三维结构，比如光合作用反应中心（1984 年）、ATP 合成酶（1994 年）、核糖体（2000 年）和剪接体（2015 年），为在分子尺度理解生命的奥秘作出了巨大贡献。上图按照盖斯 1984 年原图重绘。利用计算机图像根据蛋白质原子坐标制作的番茄丛矮病毒衣壳结构见第 72 页。【绘图依据：*HHMI Bulletin*, April 2001】

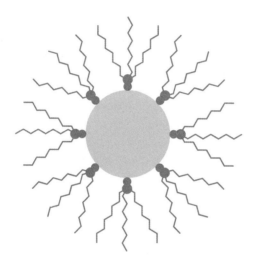

带有表面活性剂分子的纳米粒子
（表面活性剂可以防止纳米粒子在溶剂中发生团聚）

纳米粒子——即古老又时髦

纳米粒子通常被定义为直径在 1 ~ 100nm 之间的微观粒子。因为在这个尺度，微观粒子将展现出一些不同于其宏观材料的新性质，如颜色变化、熔点降低等。人类对纳米粒子的应用可以追溯到 3000 多年前，虽然可以肯定的是当时的人们并不知道纳米粒子的存在。例如，早在公元前 1200 年至公元前 1000 年，位于现在意大利境内的手工艺者曾制作过一种红色的玻璃，而玻璃的红色就来自铜纳米粒子。再如，公元 4 世纪的古罗马莱克格斯杯（Lycurgus Cup）的二向色性来源于玻璃内部的金银合金纳米粒子。另外，公元 9 世纪美索不达米亚地区制作的陶瓷表面从不同角度观看会呈现不同的颜色，也是由于其表面釉质中铜纳米粒子的存在。

到了 1857 年，法拉第首次从科学角度指出纳米粒子的特殊性质源于其微小的尺寸。1940 年以后，电子显微技术的普及使科学家可以更好地表征纳米粒子，深入研究纳米粒子大小、形状与其性质之间的关系。1990 年后合成手段的进步，使得大批量合成特定组分、规格和性能的纳米粒子成为可能。

如今纳米粒子已经广泛进入了我们的日常生活。例如：一些防晒霜中含有阻挡紫外线的纳米粒子；一些化妆品中含有增加渗透作用的纳米粒子；一些牙膏中含有具有增白作用的纳米粒子；一些衣物中含有抑制细菌生长和异味产生的纳米粒子。然而令人担忧的是，我们目前对人工合成的纳米粒子对环境和人体的安全性仍然缺少足够的认识。一些动物实验表明，二氧化钛纳米粒子（一种被广泛使用的纳米粒子）在进入动物体内之后可能会增加癌症发生的概率。值得庆幸的是，纳米粒子的安全性问题越来越受到研究人员、国际组织和消费品生产公司的重视。相信在不久的将来，会出现一套完整的法规来监管纳米粒子的生产和使用，让纳米粒子在不危害环境和人身安全的前提下，为人类造福。

 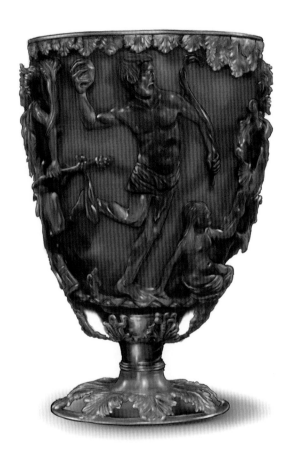

在普通环境光下，莱克格斯杯呈绿色（左图）；当把强光源放置于杯子内部时，杯子呈红色（右图）

纳米粒子。上图绘制的是收藏在大英博物馆中的莱克格斯杯（Lycurgus Cup），杯子制造于公元 4 世纪的古罗马时代。莱克格斯杯的玻璃具有神奇的二向色性：在通常光照条件下，杯子呈绿色（上图左）；如果将光源放置在杯子内部，杯子则呈红色（上图右）。另一种更科学的描述是：白光在杯子表面的反射光为绿色，而白光穿过杯子的透射光为红色。利用现代科学检测技术，科学家发现使莱克格斯杯产生二向色性的是玻璃中大小为 50 ～ 100nm 的金银合金纳米粒子。莱克格斯杯充分体现了古罗马手工艺者的精湛技艺。但是科学家认为在当时的条件下，完全依靠经验精确控制玻璃中的纳米粒子性质的成功率极低，因此只有极少数与莱克格斯杯类似的文物流传至今。【绘图依据：根据大英博物馆莱克格斯杯图片重绘】

现代科学对纳米粒子的开创性工作要归功于法拉第在 19 世纪 50 年代的发现：他合成出的金纳米粒子使溶液变成红色。我们现在知道金纳米粒子的颜色会随其大小和形状而变化，例如直径为 20nm 和 100nm 的球形金纳米粒子分别呈红色和紫色。

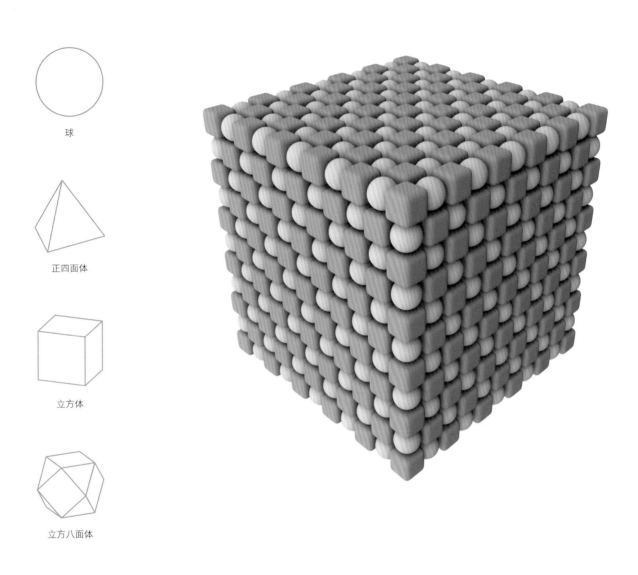

球

正四面体

立方体

立方八面体

正八面体

纳米粒子自组装。在过去的二三十年间，纳米粒子合成技术的进步实现了对纳米粒子化学成分、大小和形状的精确控制。本页左侧列出了一些常见的纳米粒子形状。而目前纳米粒子研究领域的一个热点是将纳米粒子作为类似积木的组件，通过自组装，用纳米粒子构建更大的功能材料。科学家发现，两种大小不同的球形纳米粒子可以通过自组装形成与氯化钠等离子晶体结构类似的纳米粒子晶体（也称为胶体晶体）。而对于非球形纳米粒子，其自组装方式更为复杂。本书第 98 页和第 99 页展示了正八面体和八脚纳米粒子的自组装结构。上图显示的是由甘格研究组在 2015 年报道的一种胶体晶体结构。这个结构由球形纳米粒子和立方形金纳米粒子在 DNA "胶水" 的辅助下形成。对于这个体系，球直径和立方体边长均为 46nm 的纳米粒子可以自组装成大小为 1 ～ 2μm 的胶体晶体。【绘图依据：Lu F. *et al. Nature Comm.* **6**, 6912 (2015)】

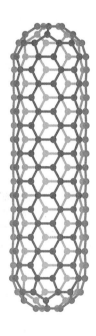

碳纳米管

碳纳米结构——引发一次又一次研究热潮

两百多年前，科学家就知道碳元素存在两种截然不同的形态：坚硬透明的金刚石和柔软的黑色石墨。在 20 世纪初，科学家通过 X 射线衍射实验第一次确定了碳原子在金刚石和石墨中的排列方式，从微观结构上为金刚石和石墨的差异性提供了解释。而 1985 年 C_{60} 和其他富勒烯（如 C_{70}）的发现，揭开了科学家对新型碳纳米材料研究的序幕。此后碳纳米管的发现（1992 年）和单层石墨烯的成功分离（2004 年），都引发了科学家的高度兴趣。

富勒烯、碳纳米管和石墨烯都具有非常特殊的性质。比如 C_{60} 分子可以吸收大部分太阳光谱，又因其具有半导体性质，可以应用于廉价的有机太阳能电池。碳纳米管根据其微观结构的不同可具有半导体或金属导电性；而且碳纳米管具有突出的力学性能，是强度最大的一维材料之一。石墨烯是近十年来的明星纳米材料，因为它是世界上具有极高强度和导电性，而且几乎透明的最薄二维材料。

碳纳米材料在许多领域已经得到了应用。除了 C_{60} 在有机太阳能电池中的应用，还可以在聚合物和金属材料中添加碳纳米管以提高材料的力学性能。但是围绕碳纳米材料似乎一直存在着一些过高的期望。在碳纳米管发现后，许多研究者和科技公司预测碳纳米将很快取代单晶硅，成为下一代电子器件的核心材料。但是经过 30 多年的研究，这一目标仍未实现。其主要原因是在微观尺度集成大量碳纳米管器件的难度巨大。石墨烯出现后，很快被媒体认定为一种可以改变世界的神奇材料。科学家预测石墨烯将为我们带来更高速的计算机处理器、柔软而透明的显示器、高容量电池等。但目前对石墨烯的大规模应用仍未出现。也许对石墨烯和其他碳纳米材料做定论还为时过早，毕竟从硅的发现到硅晶体管的大规模应用经历了 100 多年。碳纳米材料能否真的改变世界，我们还要拭目以待。

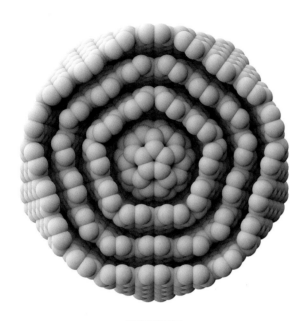

碳洋葱剖面图
（ C_{60} @ C_{240} @ C_{540} @ C_{960} ）

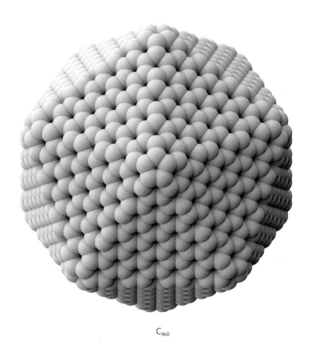

C_{960}

富勒烯。1985 年，柯尔、克罗托和斯莫利等在用激光蒸发石墨的试验中，首次发现了 C_{60} 分子。因为 C_{60} 分子与建筑师富勒设计的球形屋顶具有类似结构，于是将 C_{60} 分子命名为富勒烯。1990 年后出现了大批量合成 C_{60} 的方法，引发了科学家对富勒烯研究的热潮。C_{60} 的直径约 1nm，是纳米科学领域非常有代表性的纳米材料。上面三位科学家在 1996 年因发现富勒烯而获诺贝尔化学奖。C_{60} 是富勒烯家族中最小的一个。1992 年，乌加特发现了巨型富勒烯可以形成类似洋葱的多层结构。上图显示的是一个小型"碳洋葱"模型：其中心是 C_{60}，外层依次是 C_{240}、C_{540} 和 C_{960}。【绘图依据：Wang B.-C. *et al. Synthetic Met.* **55-57**, 2949 (1993)】

碳纳米管和石墨烯。C_{60} 仅仅是科学家对碳纳米材料研究热潮的开始。1992 年由饭岛澄男报道的碳纳米管，以及 2004 年由海姆和诺沃肖洛夫等用简易机械方法制备的单层石墨烯都在当时引起了科学家对碳纳米材料的极大兴趣。因为碳纳米管和石墨烯拥有很多其他材料无可比拟的性质，比如碳纳米管是世界上强度最高的一维材料之一，而石墨烯是世界上最薄的柔性透明导电材料，科学家对它们的研究热情至今未减。2010 年海姆和诺沃肖洛夫因为在石墨烯方面的工作而获得诺贝尔物理学奖。结构上碳纳米管和石墨烯纳米带之间有着简单的几何关系。同一条石墨烯纳米带经过不同方式的卷曲，可以得到结构不同的纳米管，如第 47 页所示。【绘图依据：White C. T. *et al. Phys. Rev.* **B47**, 5485 (1993)】

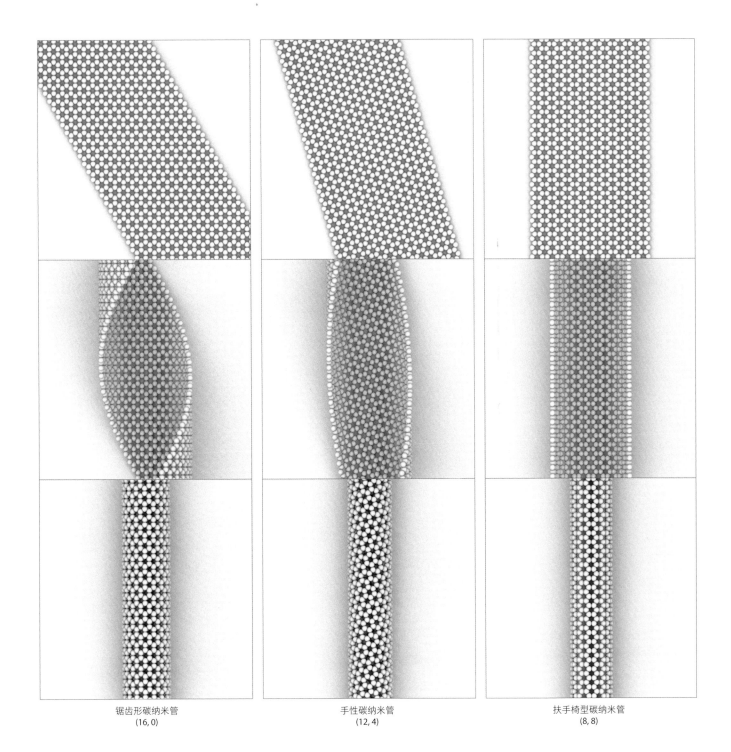

锯齿形碳纳米管
(16, 0)

手性碳纳米管
(12, 4)

扶手椅型碳纳米管
(8, 8)

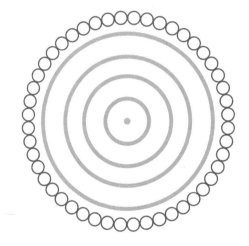

用扫描隧道显微镜制备的量子围栏
Crommie, M. F. *et al. Science* **262**, 218 (1993)

表面原子结构——从看见原子到移动原子

世界上第一台可以"看见"原子的显微镜是由米勒和巴哈杜尔在 1955 年发明的场离子显微镜（FIM）。1970 年，透射电子显微镜（TEM）的分辨率也第一次达到原子水平。虽然由宾宁与罗雷尔在 1981 年发明的扫描隧道显微镜（STM）要晚于前面两种技术，但这丝毫不能降低 STM 的重要作用。STM 是一种可以达到原子分辨率的表征物质表面结构的显微技术。另外 STM 不但可以"看见"原子，而且还可以用来移动表面原子。1990 年，来自 IBM 的科学家应用 STM 将 35 个氙原子摆成了"IBM"三个字母，成为科学史上一个重要的里程碑。

在 STM 基础上发展出的原子力显微镜（AFM）已成为科学家研究物质表面微观形貌不可缺少的工具之一。AFM 由 IBM 公司的科学家于 1986 年发明，而发明 STM 的宾宁也是 AFM 的发明者之一。AFM 与 STM 同属于扫描探针显微镜。STM 依靠探针与样品之间的量子隧道效应检测样品的表面形貌。虽然 STM 可以实现单个原子成像，但是对于有机分子，STM 无法给出分子中所有原子的位置和化学键信息（具体原因可由量子力学给出）。AFM 依靠探针与样品之间的相互作用力检测样品的表面形貌。如果探针针尖足够尖锐，理论上 AFM 可以让我们"看到"分子中所有原子的位置和连接原子的化学键——这是化学家长久以来的一个梦想。2009 年这个梦想终于被来自 IBM 的科学家实现。通过在 AFM 针尖上固定一个一氧化碳分子，他们成功实现了并五苯分子中所有原子及化学键的成像。此后这项技术发展迅速，2013 年，来自美国加州大学伯克利分校的科学家用 AFM 捕捉到单个分子在化学反应前后的分子结构变化。同年，来自中国科学院国家纳米科学中心的科学家用 AFM 首次观测到分子之间的氢键。相信在不久的将来，STM 和 AFM 将为我们揭示更多关于微观世界的奥秘。

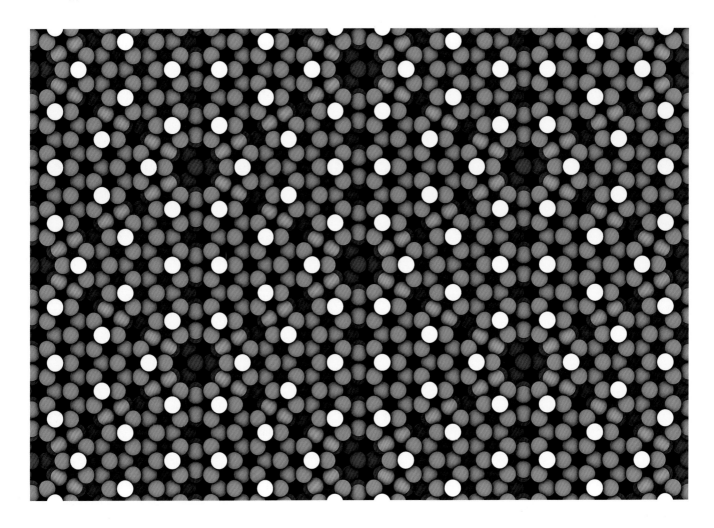

扫描隧道显微镜。1981 年，宾宁与罗雷尔发明了扫描隧道显微镜（STM），成为在原子尺度研究物质表面现象的重要实验工具。因为 STM 的发明，宾宁与罗雷尔分享了 1986 年诺贝尔物理学奖。1983 年宾宁和罗雷尔等用 STM 研究了当时困扰表面科学家的一个难题——硅（111）表面 7×7 重构。他们得到的 STM 图像（左图为示意图）证实了表面晶包中 14 个吸附原子的存在，为最终解析 7×7 重构提供了重要实验依据。【绘图依据：Binnig, G. *et al. Phys. Rev. Lett.* **50**, 120 (1983)】

硅表面重构。从 1959 年发现的硅（111）表面 7×7 重构到 1985 年高柳邦夫等提出被广泛认可的"二聚体 - 吸附原子 - 堆垛层错"（DAS）模型，花费了表面科学家超过 25 年的时间。在 DAS 模型之前，科学家曾提出过 20 多个错误的结构模型。宾宁和罗雷尔的 STM 图像为 DAS 模型提供了重要的依据。上图是根据高柳邦夫论文构建的 7×7 重构模型，其中白色表示吸附原子，绿色表示二聚体。晶体被切割后，表面原子因失去了原来与之相邻的原子而处于高能状态。为了降低表面能量，很多晶体的表面原子在切割后会发生重构，生成与晶体内部结构不同的表面结构。【绘图依据：Takayanagi, K. *Surf. Sci.* **164**, 367 (1985)】

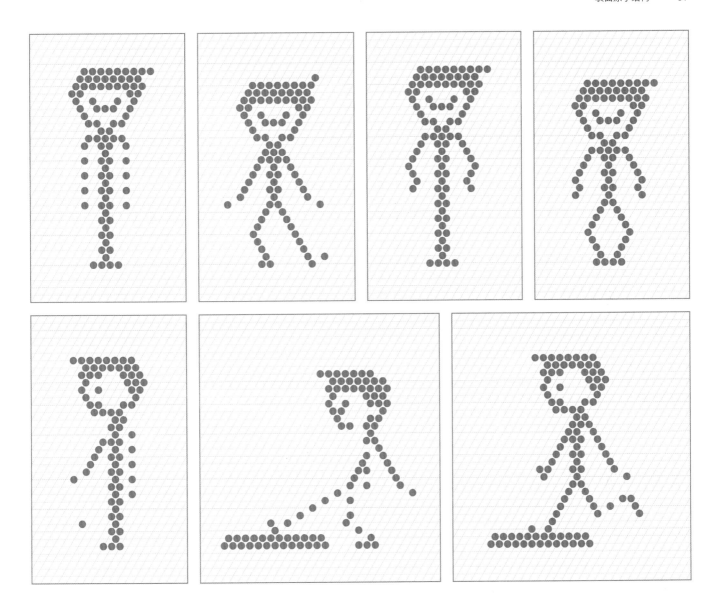

世界上最小的电影。STM 也可以用来移动物质表面的原子和分子，并以此得到令人难以置信的微观结构。2014 年，IBM 的科学家独出心裁，通过用 STM 在金属表面移动几千个一氧化碳分子，创作了世界上最小的定格动画电影《男孩和他的原子》（*A Boy and His Atom*）。上图每一个蓝色圆点表示一个一氧化碳分子，灰色网格表示一氧化碳分子在金属表面可能的吸附位置。每张图都是按照电影的截图绘制。这部电影的负责人海因里希解释说："如果通过制作这样一部电影，可以让 1000 个孩子加入科学阵营而不是进入法学院，我将会非常高兴！"另外，海因里希的研究组在 2012 年通过 STM 实验发现 12 个原子是磁存储单元的极限。而在目前的计算机硬盘中，每个磁存储单元通常包含上千个原子，说明硬盘的容量仍存在很大的提升空间。【绘图依据：IBM *A Boy and His Atom* (2014)】

欣　赏

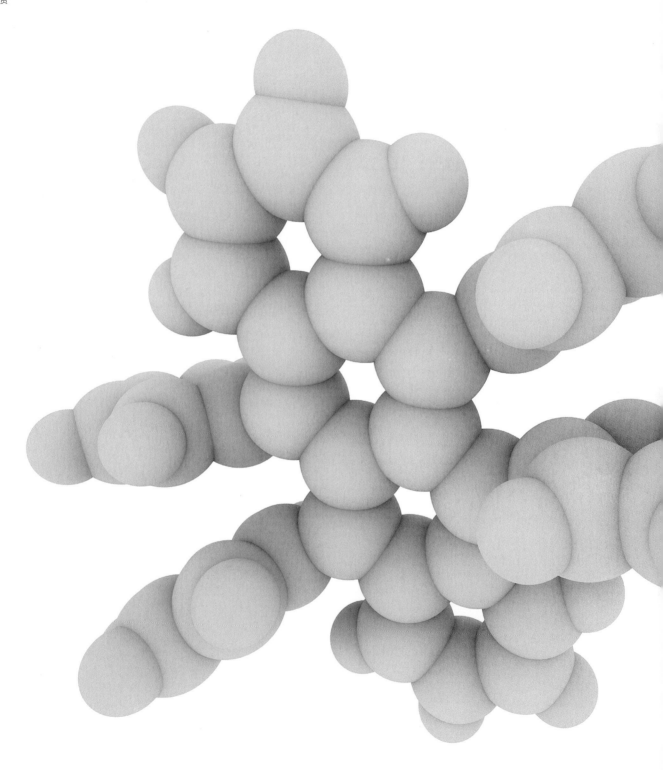

分子

【左】红荧烯分子
Acta Crystallogr. **B62**, 330 (2006)

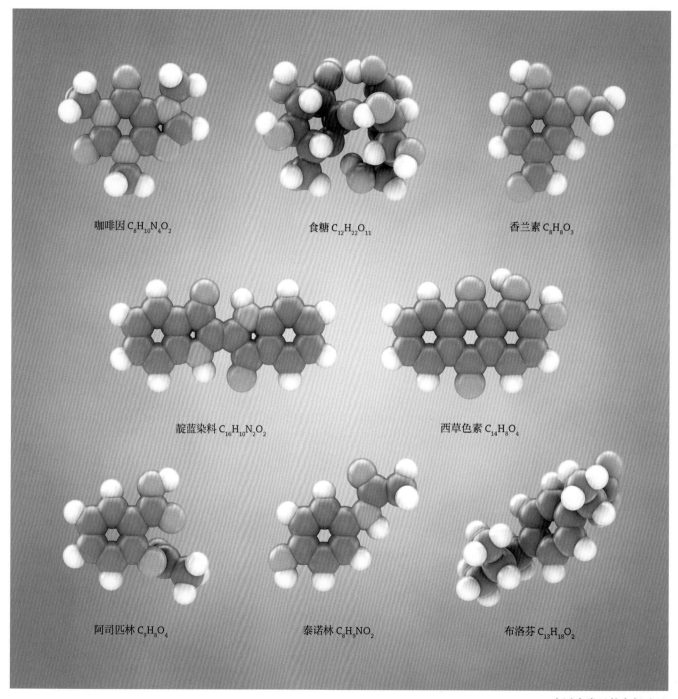

咖啡因 $C_8H_{10}N_4O_2$

食糖 $C_{12}H_{22}O_{11}$

香兰素 $C_8H_8O_3$

靛蓝染料 $C_{16}H_{10}N_2O_2$

西草色素 $C_{14}H_8O_4$

阿司匹林 $C_9H_8O_4$

泰诺林 $C_8H_9NO_2$

布洛芬 $C_{13}H_{18}O_2$

生活中常见的有机分子
白-氢，灰-碳，红-氧，蓝-氮
分子模型使用 Chem3D 软件生成

万古霉素 C$_{66}$H$_{75}$Cl$_2$N$_9$O$_{24}$
白-氢，灰-碳，红-氧，蓝-氮，绿-氯
J. Am. Chem. Soc. **119**, 1516 (1997)

结合了钾离子的冠醚
白－碳，灰－氧，黄－钾；没有显示氢原子
分子模型使用 Chem3D 生成；*Coordin. Chem. Rev.* **215**, 171 (2001)

装有客体分子的分子烧瓶
白－碳，灰－氮，黄－钯，绿－客体分子；没有显示氢原子
Science **312**, 251 (2006)

超分子笼
白－碳，灰－氧、硫、氮，绿－钯；没有显示氢原子
Science **328**, 1144 (2010)

超分子纳米管

白－外层分子，绿－内层分子；分子内，浅色－碳，深色－氧；没有显示氢原子

原子模型由金武松教授和相田卓三教授友情提供；*J. Am. Chem. Soc.* **130**, 9434 (2008)

索烃
分子环内，浅色－碳，深色－氮、氧；没有显示氢原子
Angew. Chem. Int. Ed. **28**, 1396 (1989)

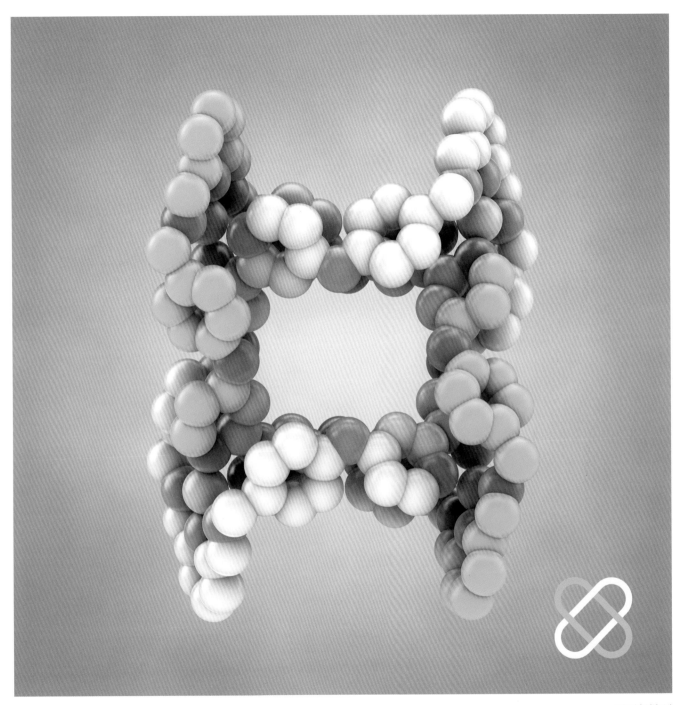

所罗门链环

橘－铜，黄－锌；分子环内，浅色－碳，深色－氮、氧；没有显示氢原子

Angew. Chem. Int. Ed. **46**, 218 (2007)

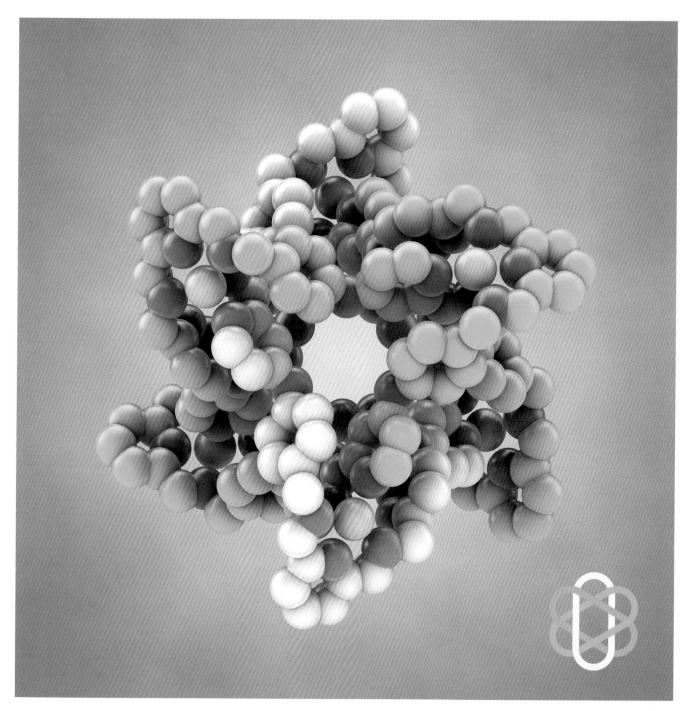

分子波罗米安链环
黄－锌；分子环内，浅色－碳，深色－氮、氧；没有显示氢原子
Science **304**, 1308 (2004)

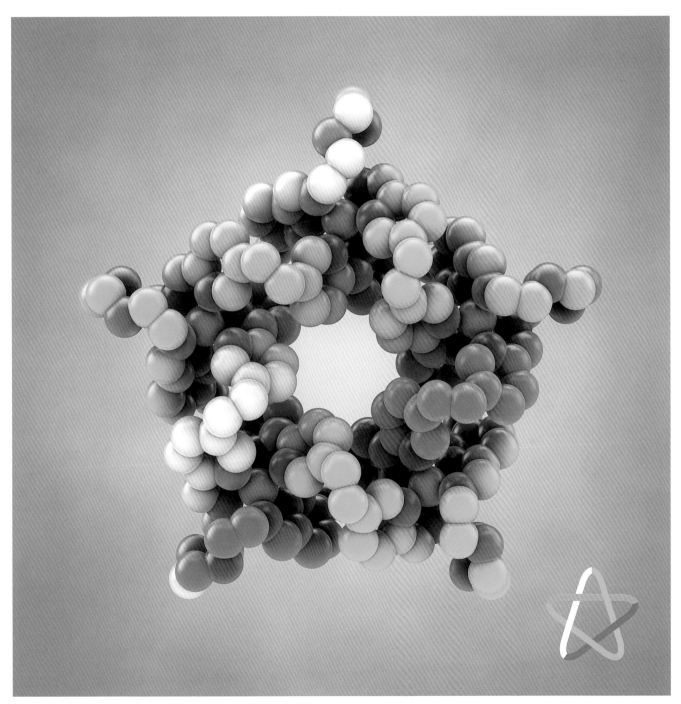

分子五叶结
黄－铁；分子结内，浅色－碳，深色－氮、氧；没有显示氢原子
Nature Chem. **4**, 15 (2011)

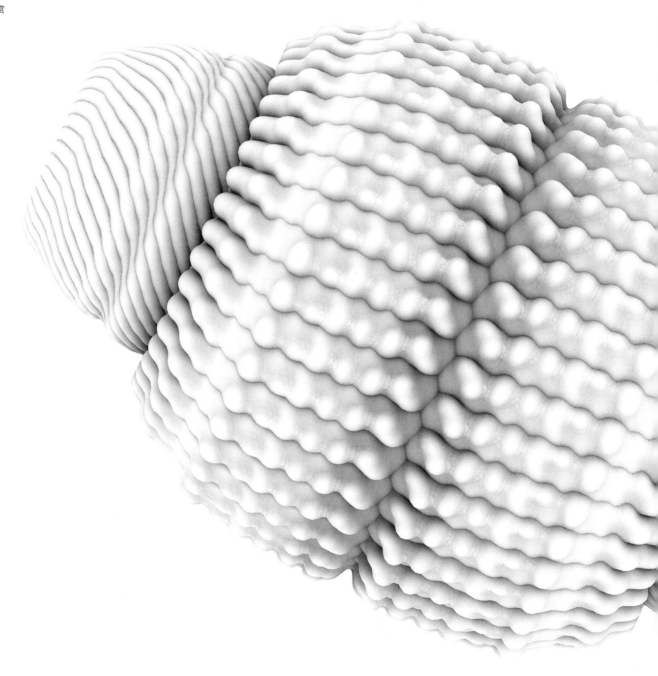

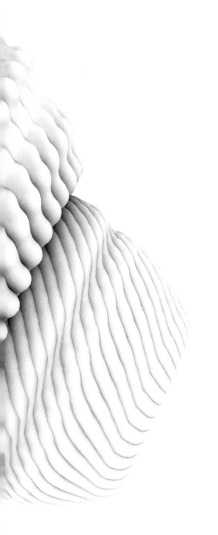

生物大分子

【左】穹窿体
Science **323**, 384 (2009)

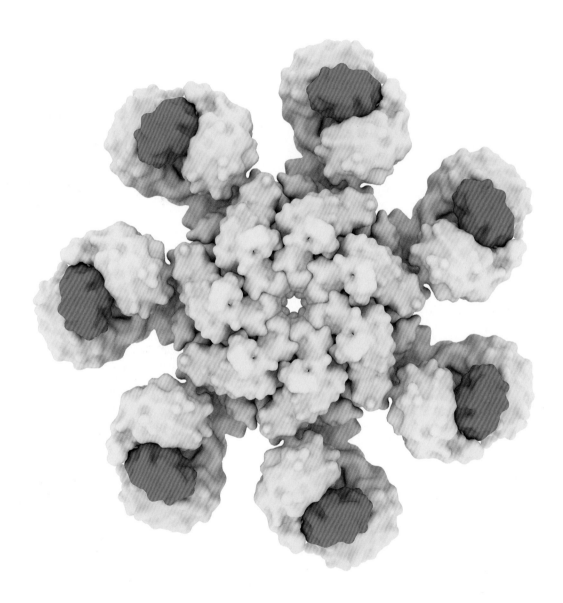

人类细胞凋亡复合体
本书中所有蛋白质表面结构均使用 Molecular Maya 软件生成
PDB ID: 3J2T; *Biochemistry* **52**, 2319 (2013)

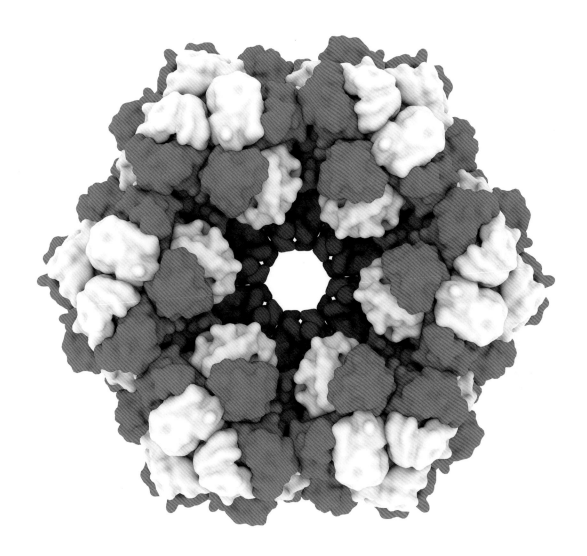

蚯蚓血红蛋白

PDB ID: 2GTL; *Structure* **14**, 1167 (2006)

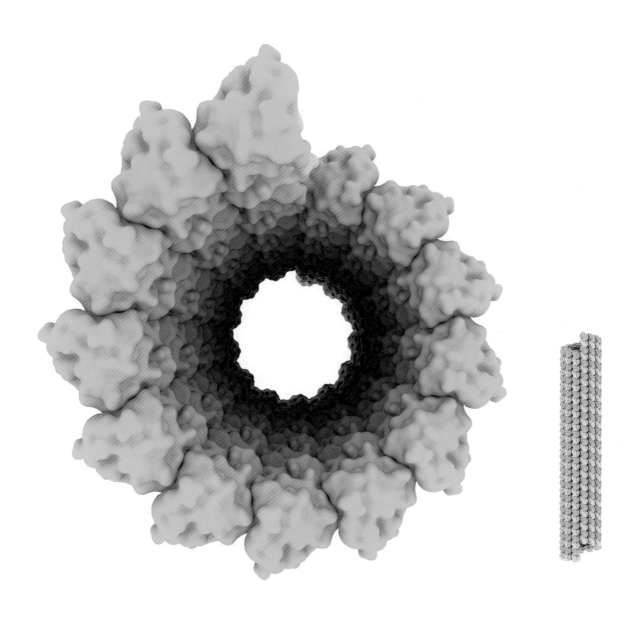

微管
绿-α 微管蛋白，白-β 微管蛋白
Structure **21**, 833 (2013)

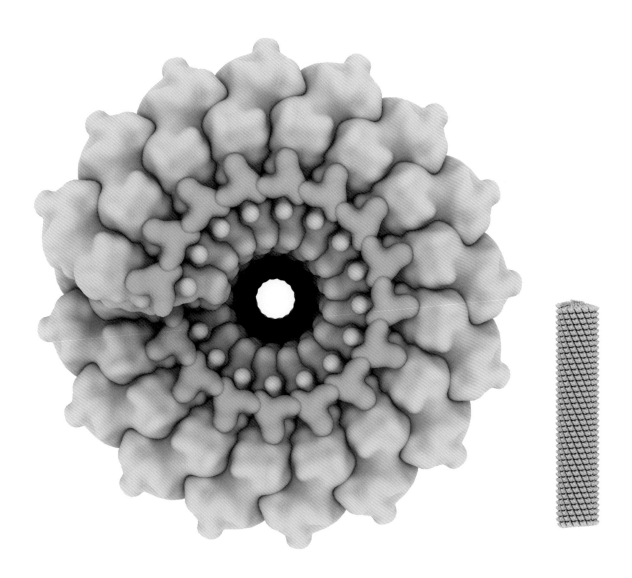

烟草花叶病毒

灰－壳粒蛋白，黄－病毒 RNA

PDB ID: 2TMV; *J. Mol. Biol.* **208**, 307 (1989)

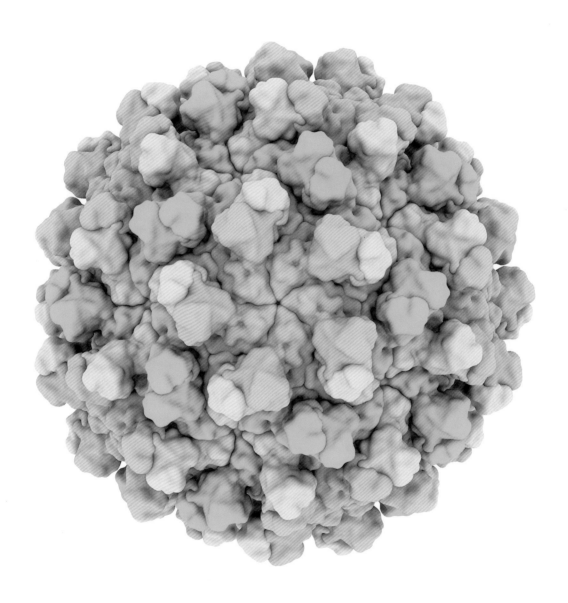

番茄丛矮病毒衣壳
PDB ID: 2TBV; *J. Mol. Biol.* **177**, 701 (1984)

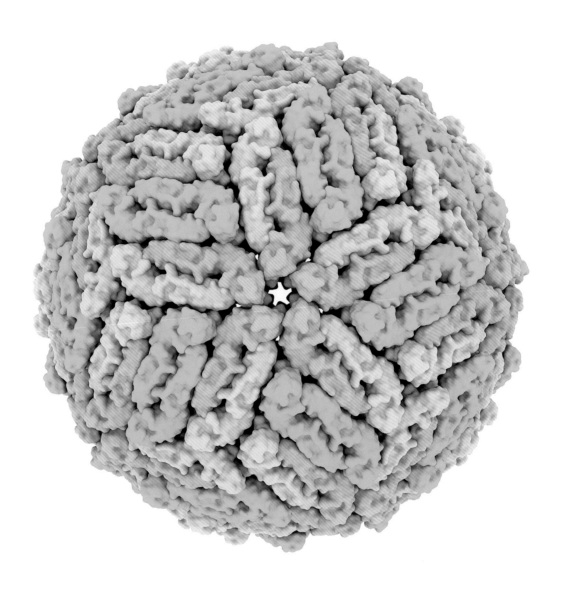

登革病毒衣壳
PDB ID: 1K4R; *Cell* **108**, 717 (2002)

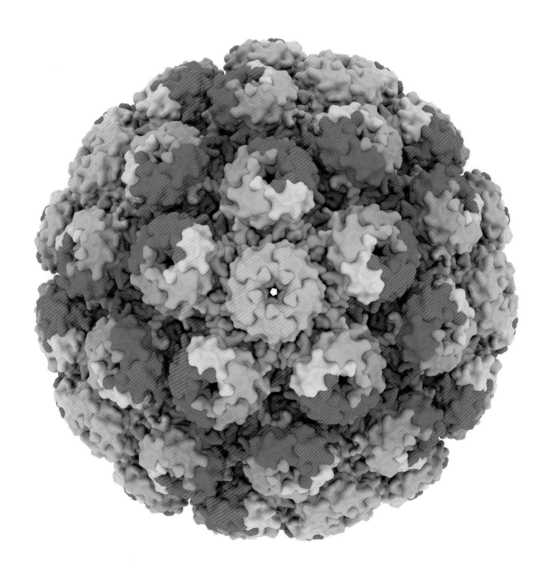

猿猴空泡病毒衣壳
PDB ID: 1SVA; *Structure* **4**, 165(1996)

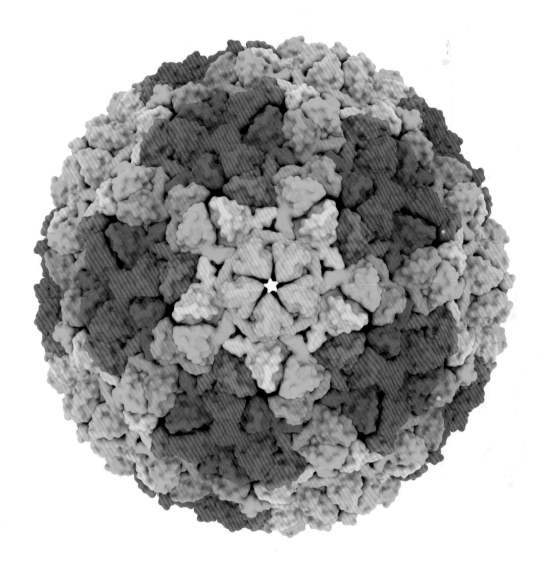

噬菌体 T7 前头部
PDB ID: 3IZG; *J. Biol. Chem.* **286**, 234 (2011)

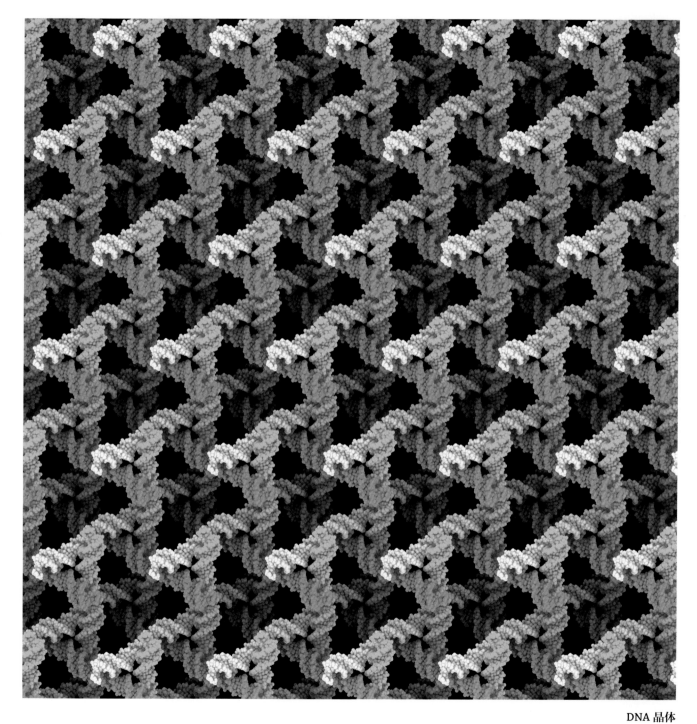

DNA 晶体

PDB ID: 3GBI; *Nature* **461**, 74 (2009)

DNA 纳米机器人
原子模型由 Mark Bathe 教授友情提供：*Nature Methods* **8**, 221 (2011)

DNA 纳米盒子
原子模型由 Ebbe S. Andersen 教授友情提供；*Nature* **459**, 73 (2009)

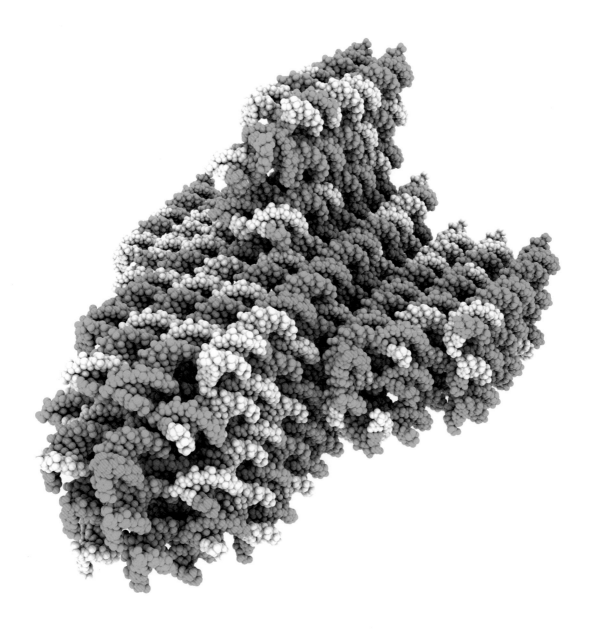

DNA 纳米飞船
原子模型由柯勇刚教授和尹鹏教授友情提供；*Science* **338**, 1177 (2012)

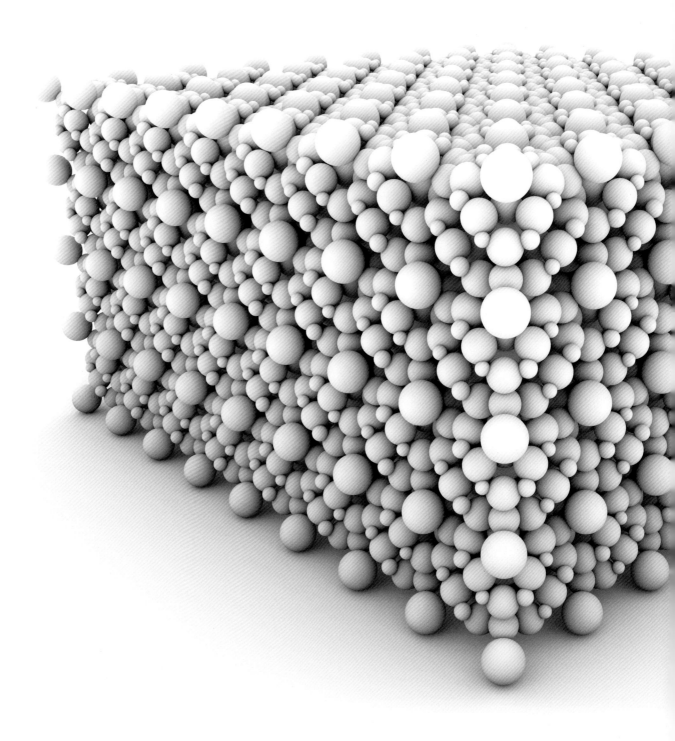

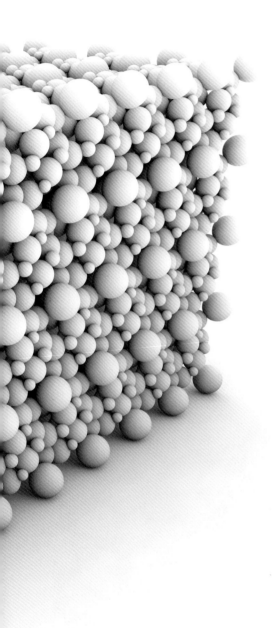

晶体

【左】方钠石晶体结构
Acta Crystallogr. **B40**, 6(1984)

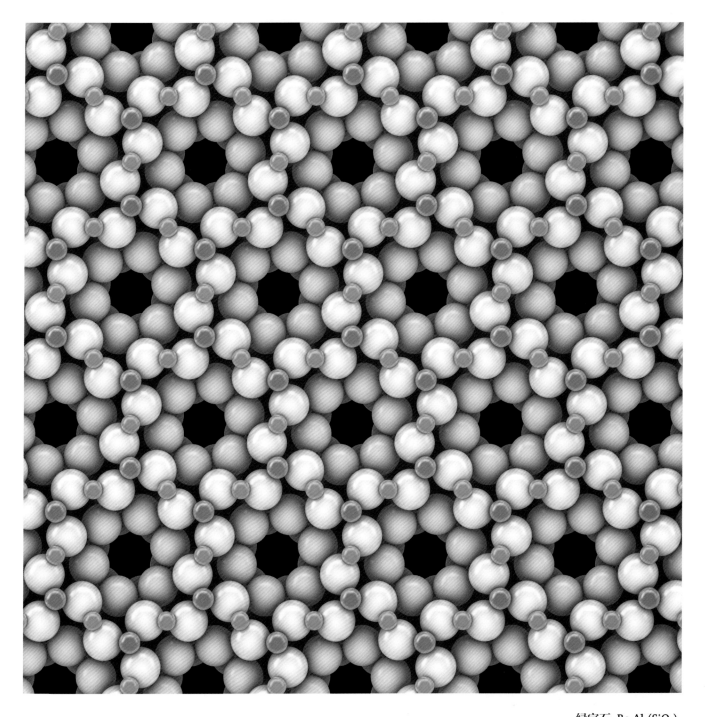

绿宝石 **Be₃Al₂(SiO₃)₆**
白–氧，蓝–铝，绿–铍；此图中硅不可见
Am. Mineral. **71**, 977 (1986)

红宝石 Al$_2$O$_3$
白－氧，红－铝
Acta Crystallogr. **A46**, 271 (1990)

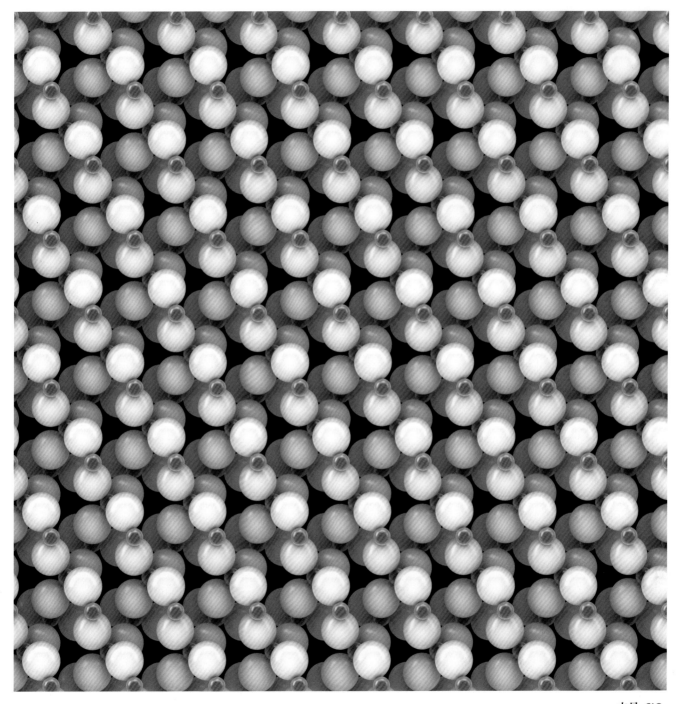

水晶 SiO₂
白 – 氧，紫 – 硅
Am. Mineral. **65**, 920 (1980)

钻石 C
J. Appl. Crystallogr. **8**, 457 (1975)

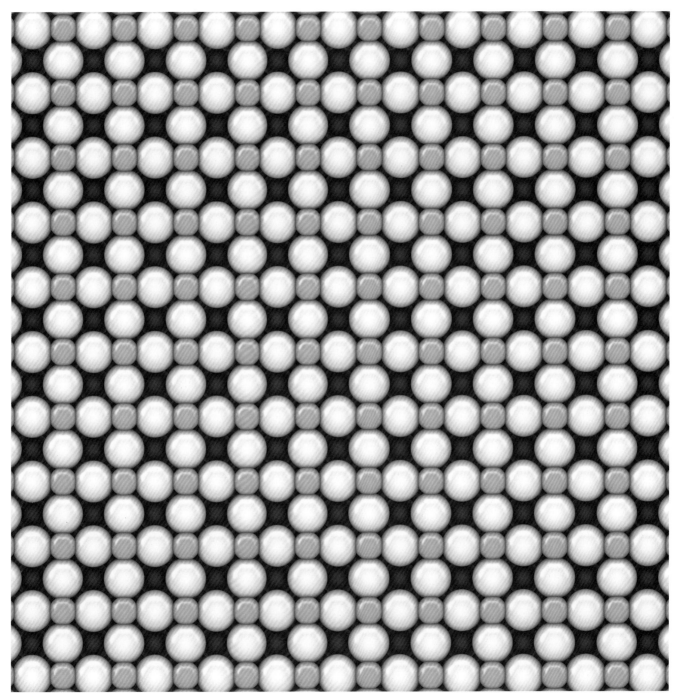

钇钡铜氧 YBa$_2$Cu$_3$O$_7$，超导体

白－氧，橘黄－铜，蓝－钇；此图中钡不可见

Europhys. Lett. **3**, 1301 (1987)

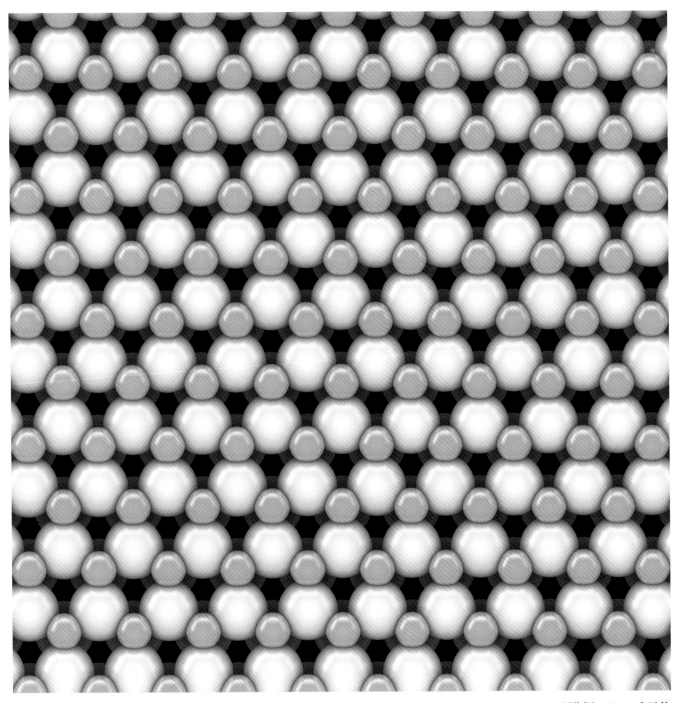

硒化镉 CdSe，半导体
白－硒，橘黄－镉
Phys. Rev. B **48**, 4335 (1993)

偏硼酸钡 BaB_2O_4，非线性光学晶体

白-氧，蓝-硼，黄-钡

Cryst. Growth Des. **7**, 1561 (2007)

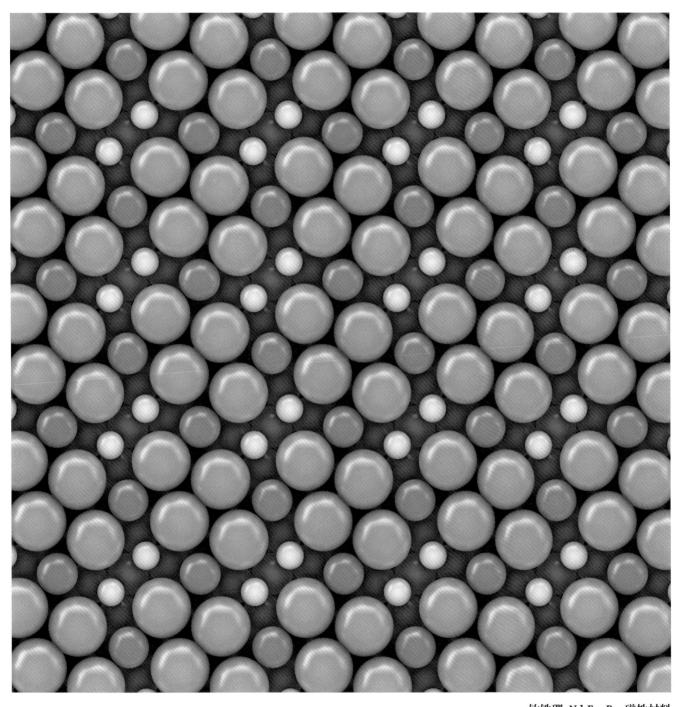

钕铁硼 Nd$_2$Fe$_{14}$B，磁性材料
白－硼，橘－钕，蓝－铁
J. Appl. Phys. **78**, 1892 (1995)

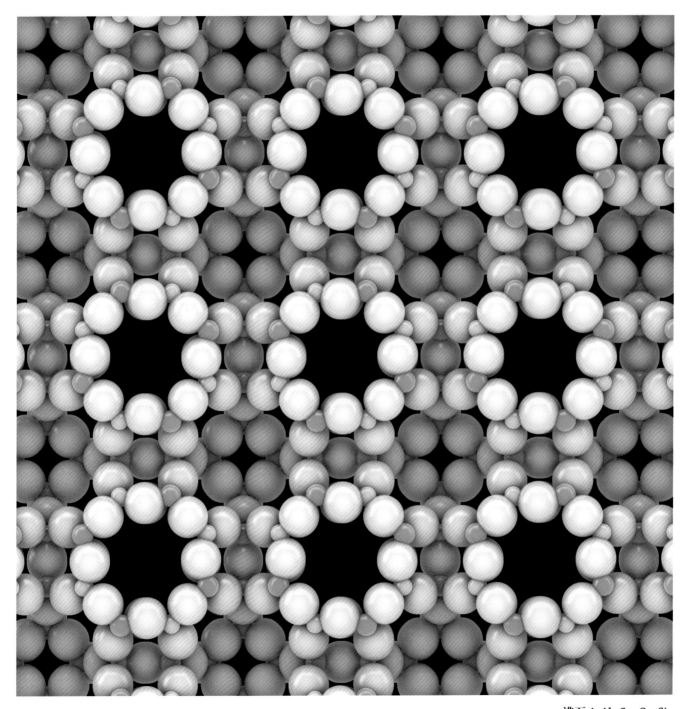

沸石 A Al$_{96}$Ca$_{48}$O$_{384}$Si$_{96}$
白‐氧，黄‐硅，绿‐铝；没有显示钙离子
Acta Crystallogr. **B56**, 766 (2000)

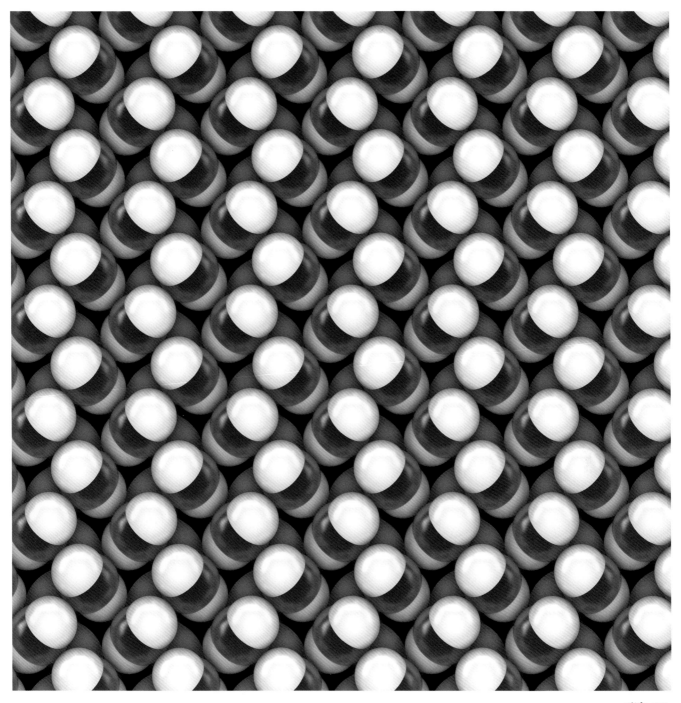

干冰 CO$_2$
白－氧，灰－碳
Acta Crystallogr. **B36**, 2750 (1980)

铝 Al
J. Chem. Phys. **3**, 605 (1935)

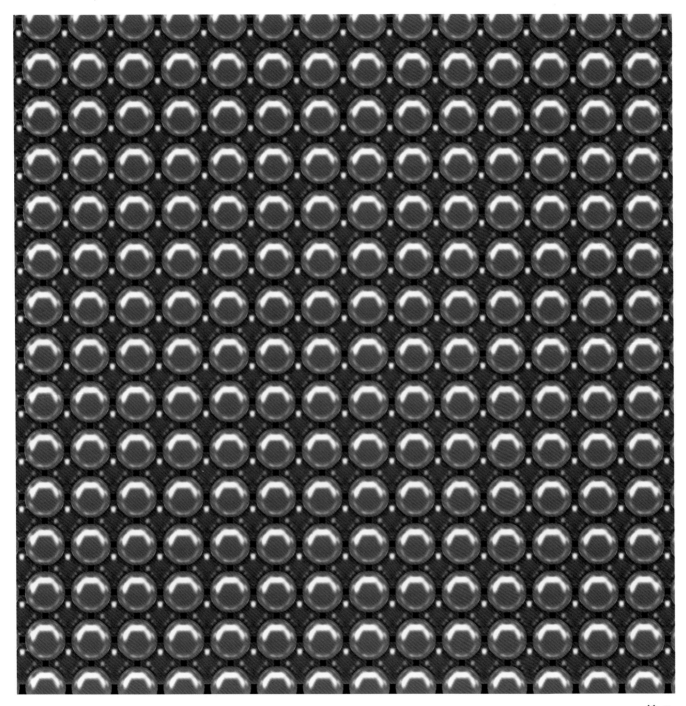

铁 Fe
J. Chem. Phys. **3**, 605 (1935)

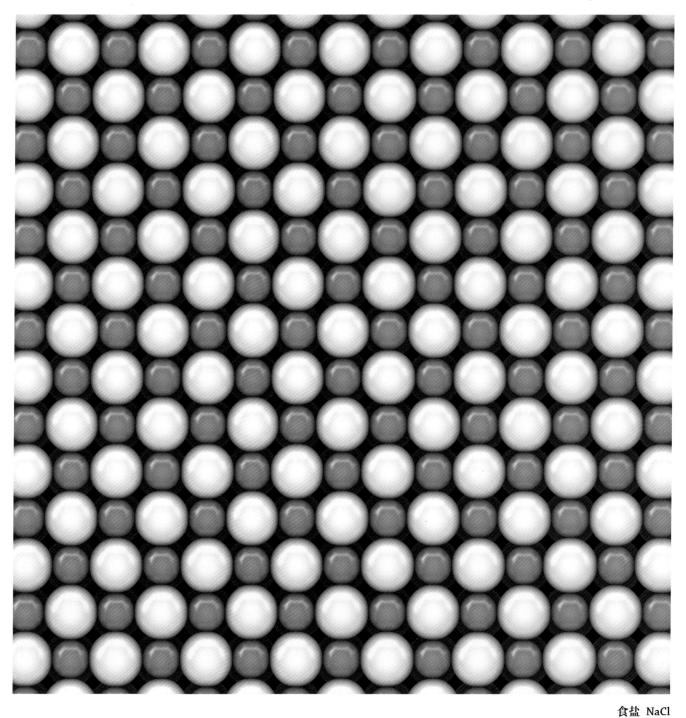

食盐 NaCl
白-氯，蓝-钠
Am. Mineral. **89**, 204 (2004)

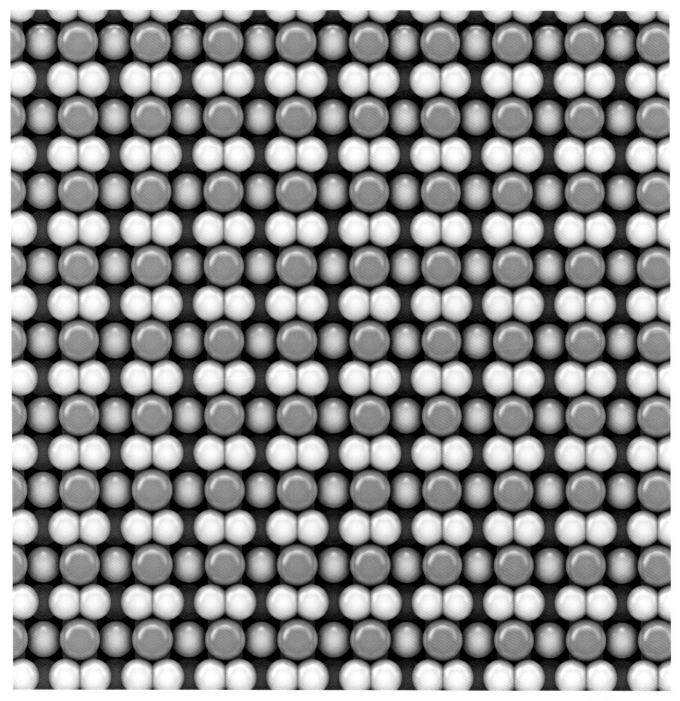

高压下的氯化钠 NaCl₇
白－氯，蓝－钠
Science **342**, 1502 (2013)

金属有机骨架材料 MOF-5
白－碳，灰－氧，黄－锌
Science **295**, 496 (2002)

金属有机骨架材料 IRMOF-74-IX
白－碳，灰－氧，黄－镁
Science **336**, 1018 (2012)

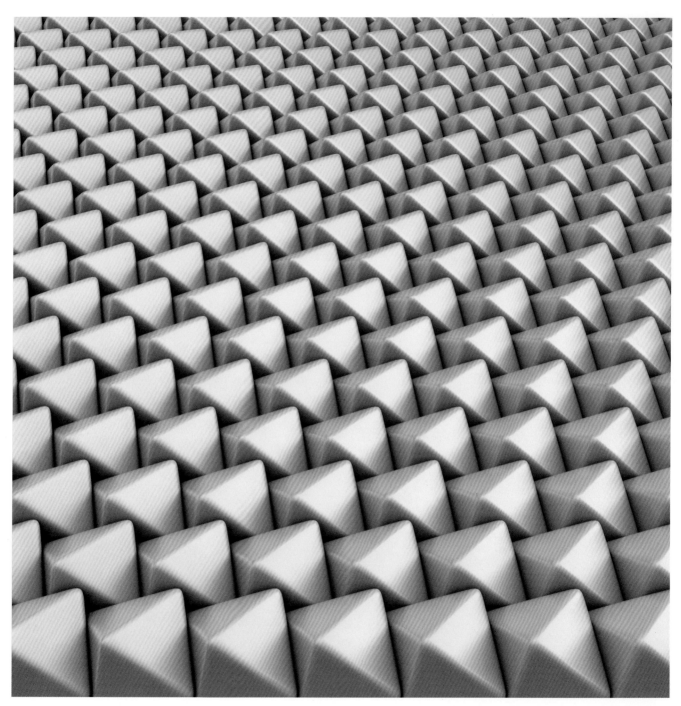

正八面体纳米粒子自组装结构（最紧密堆积）

Nature Mater. **11**, 131 (2012)

八脚纳米粒子自组装结构
白、蓝两种颜色用来区分相同纳米粒子的两种取向
Nature Mater. **10**, 872 (2011)

彭罗斯拼图
使用由 Stephen Collins 编写的 "Bob" 软件生成

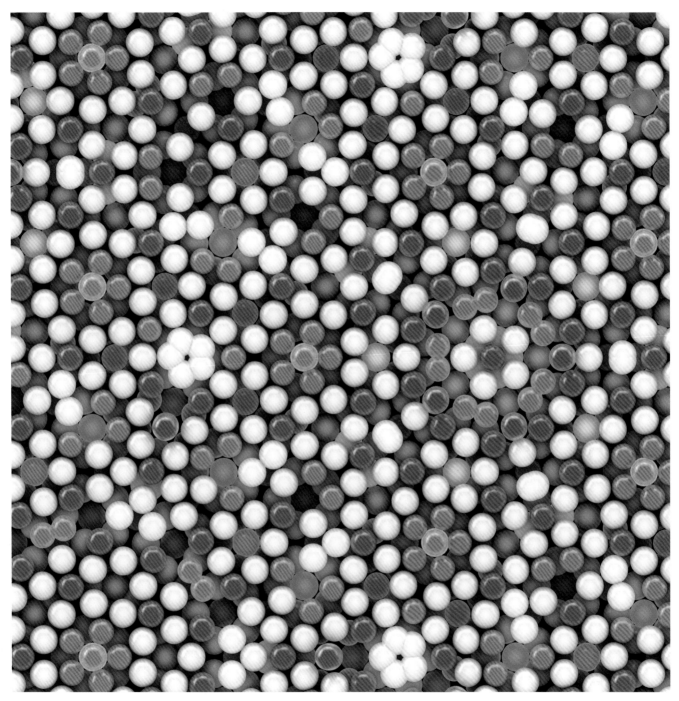

十边形准晶
白－铝，粉－铜，紫－铑
原子模型由 Pawel Kuczera 教授和 Walter Steurer 教授友情提供；*Acta Crystallogr.* **B68**, 578 (2012)

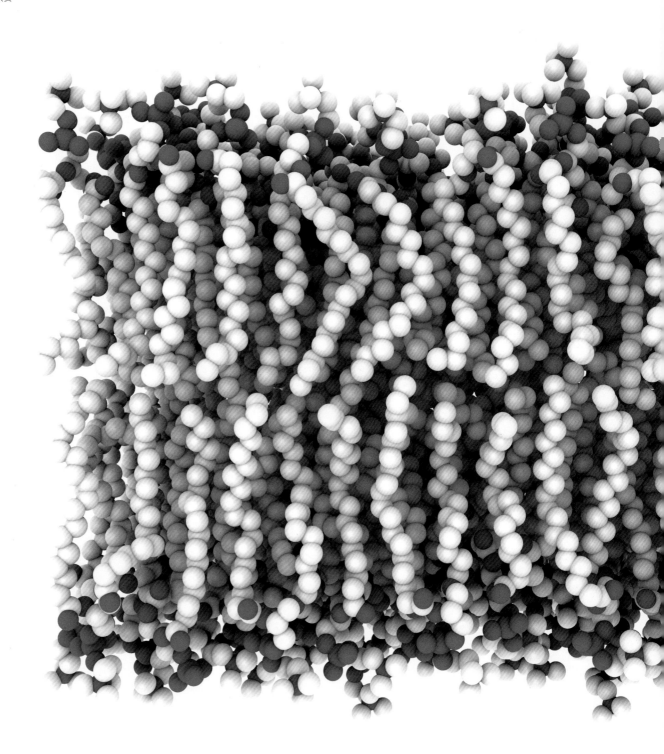

从有序到无序

【左】细胞膜
J. Phys. Chem. **97**, 8343 (1993)

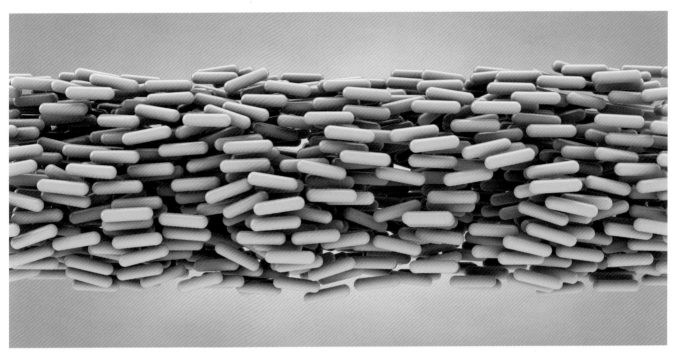

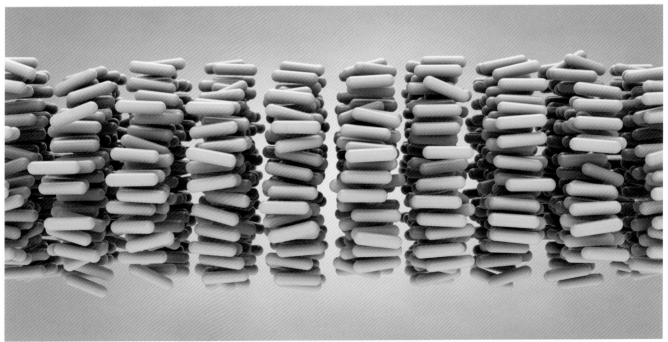

【上】向列相液晶，【下】近晶相液晶

仅为结构示意图

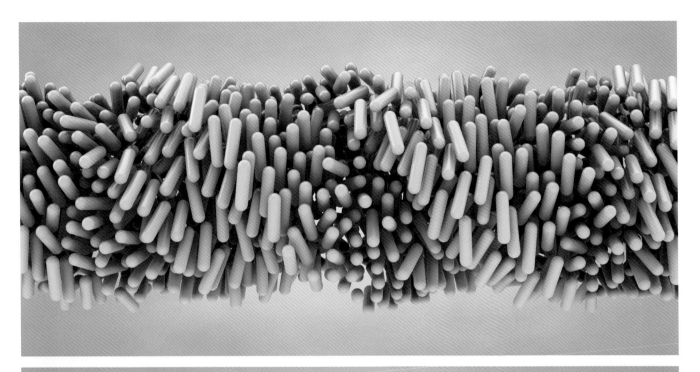

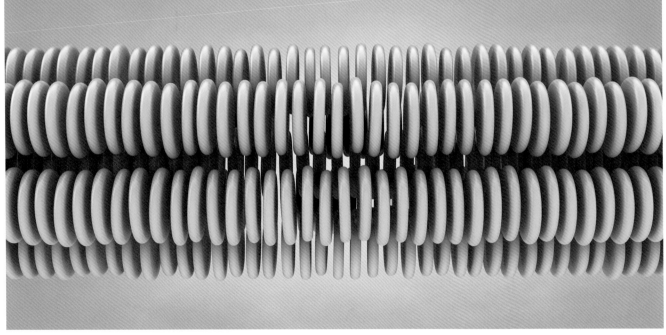

【上】手性向列相液晶，【下】柱状相液晶

仅为结构示意图

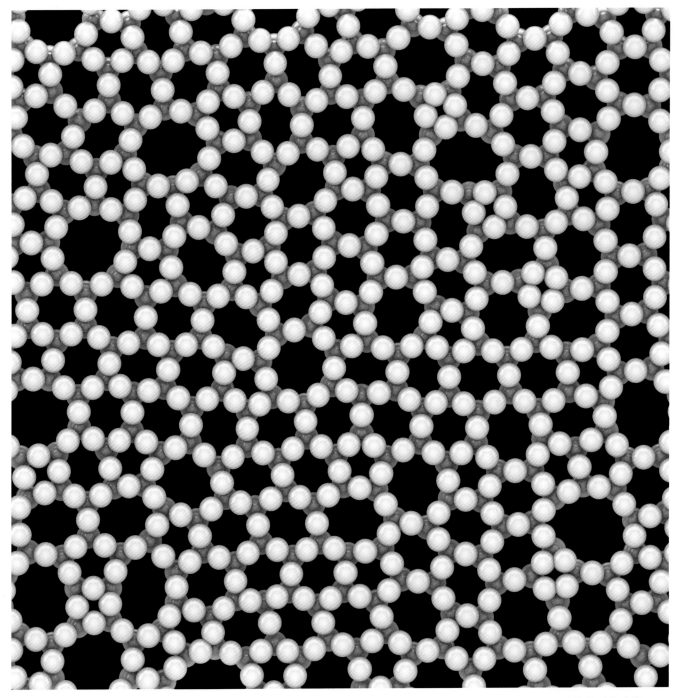

世界上最薄的石英玻璃 SiO₂
白－氧，蓝－硅
Phys. Rev. Lett. **109**, 106101 (2012)

铜‒锆金属玻璃 $Cu_{64}Zr_{36}$

橘‒铜，灰‒锆

原子模型由毛云威和李巨教授友情提供；*Prog. Mater. Sci.* **56**, 379 (2011)

【上】氧气，【下】液氧 O_2

仅为结构示意图

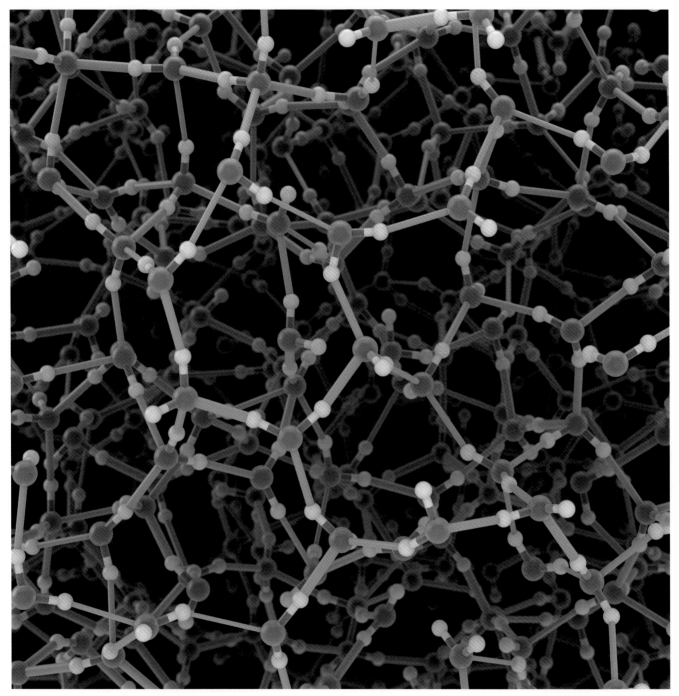

水中的氢键网格结构　H_2O
白－氢，灰－氧，蓝－氢键
数据由 Thomas D. Kühne 教授友情提供；*Nature Commun.* **4**, 1450 (2013)

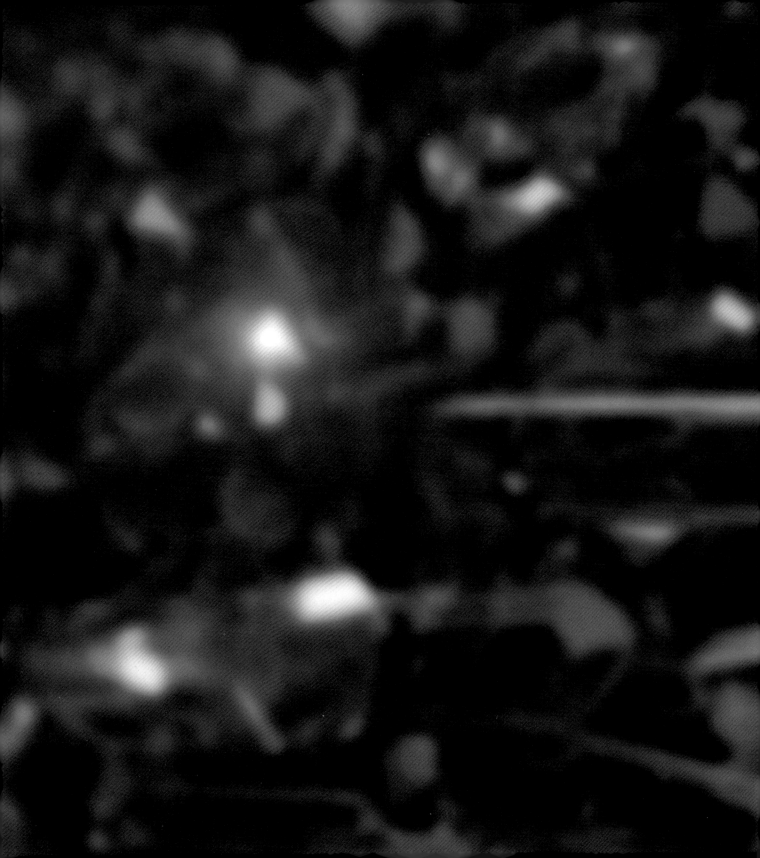

CG 动画静帧欣赏

【上】碳原子，【下】碰撞

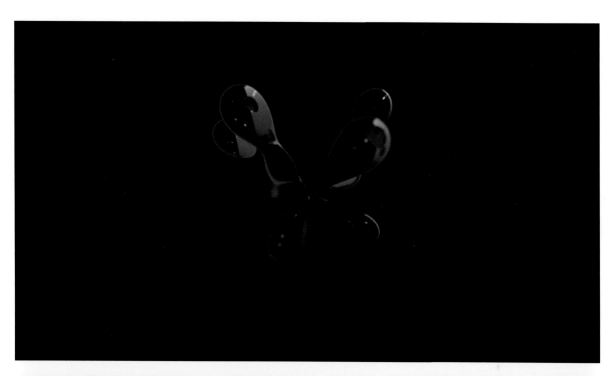

融合

反应

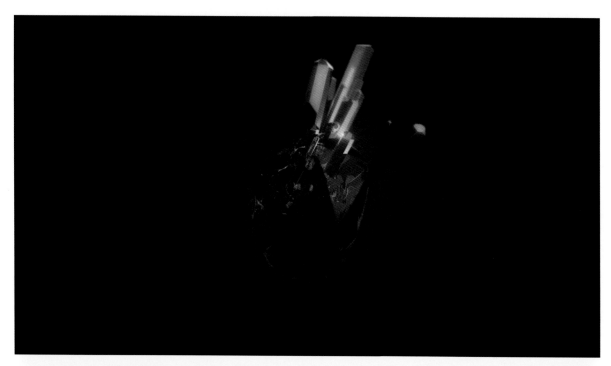

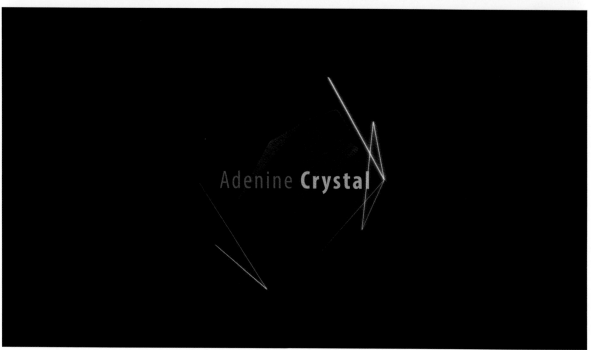

腺嘌呤晶体

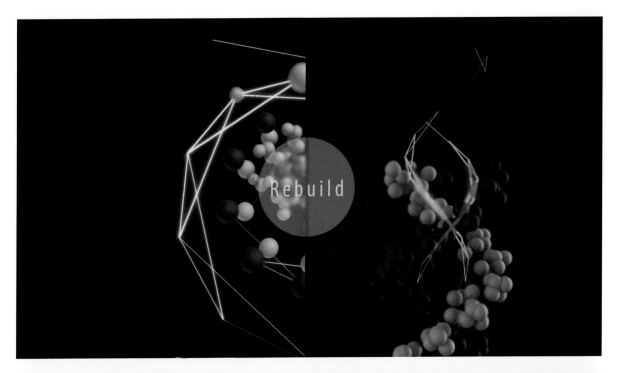

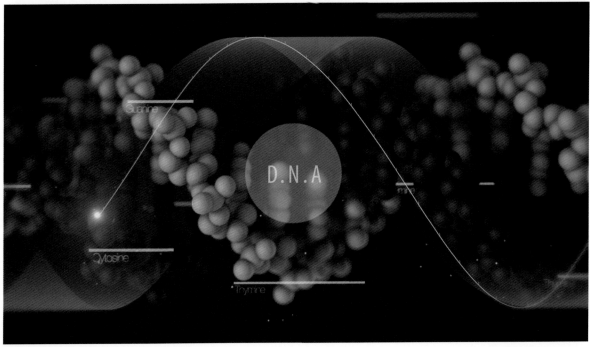

【上】重构，【下】DNA
DNA 原子坐标应用 w3DNA 生成

绿宝石晶体
Am. Mineral. **71**, 977 (1986)

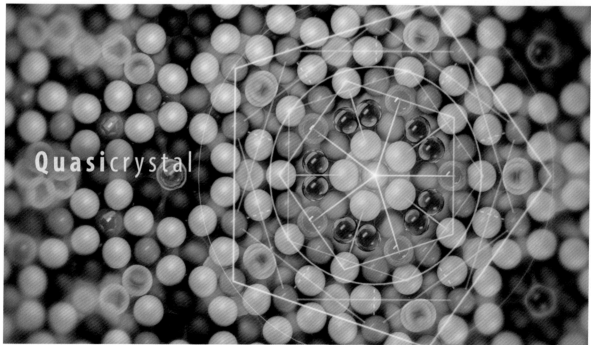

准晶
Acta Crystallogr. **B68**, 578 (2012)

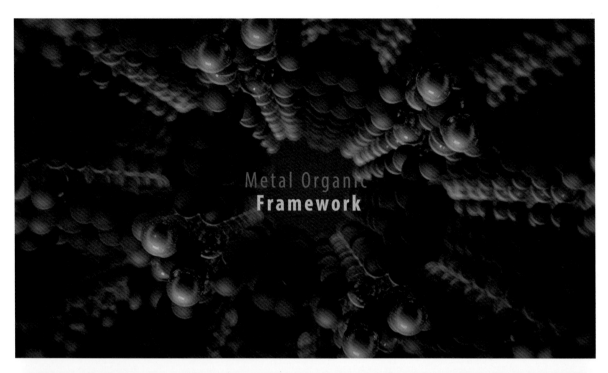

金属有机骨架材料 MOF-5
Science **295**, 496 (2002)

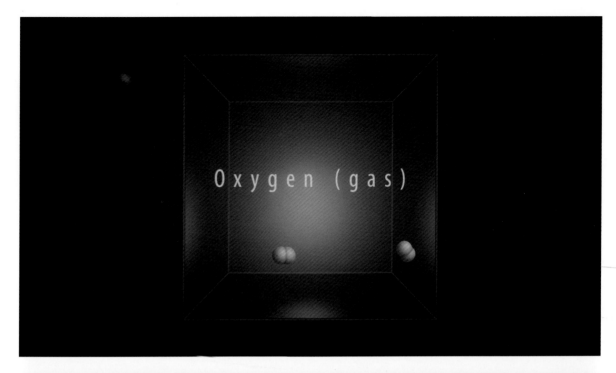

【上】氧气，【下】液氧

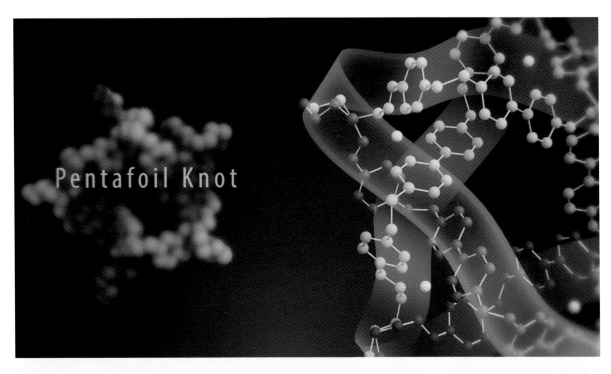

分子五叶结
Nature Chem. **4**, 15 (2011)

番茄丛矮病毒衣壳

J. Mol. Biol. **177**, 701 (1984)

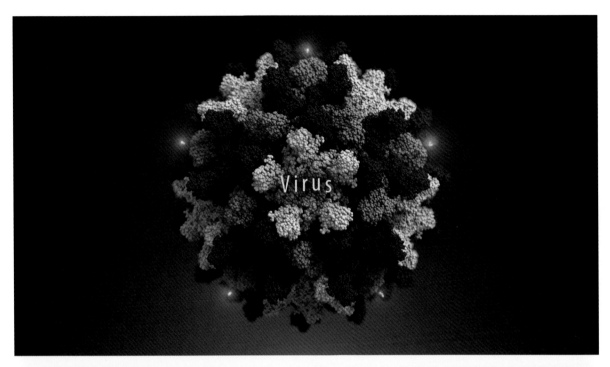

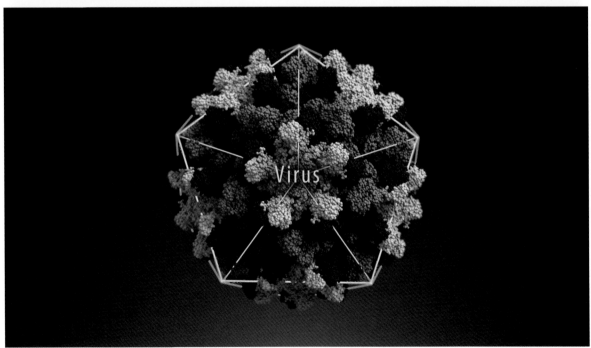

番茄丛矮病毒衣壳

J. Mol. Biol. **177**, 701 (1984)

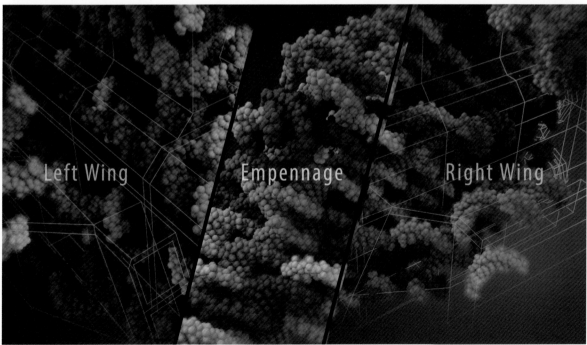

【上】DNA 纳米飞船尾翼，【下】DNA 纳米飞船左右机翼

Science **338**, 1177 (2012)

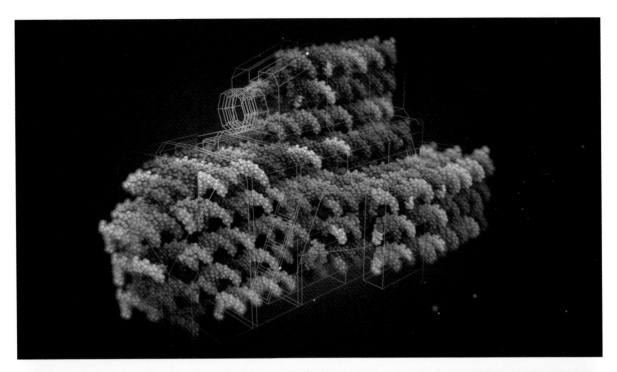

DNA 纳米飞船
Science **338**, 1177 (2012)

注　释

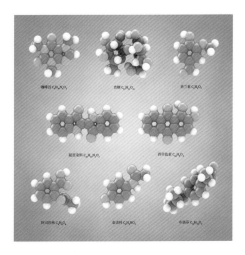

咖啡因 C₈H₁₀N₄O₂

合麻 C₁₀H₁₅NO

香兰素 C₈H₈O₃

靛蓝染料 C₁₆H₁₀N₂O₂

西草色素 C₂₀H₂₀O₅

阿司匹林 C₉H₈O₄

泰诺林 C₈H₉NO₂

布洛芬 C₁₃H₁₈O₂

一杯香草拿铁可能就包括左图第一排的三个分子式。靛蓝染料和西草色素是两种常见的染料，牛仔裤的蓝色主要来自靛蓝染料。第三排的三个分子是常见药物的有效成分。

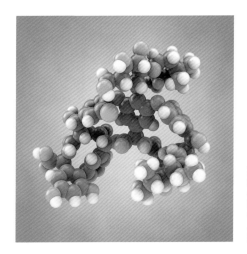

万古霉素是一种抗生素，也是"世界卫生组织基本药物标准清单"中的一种药物（清单中包括 204 种重要药物）。

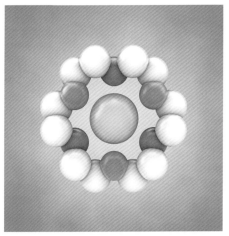

超分子化学是化学的一个分支，主要研究分子之间的相互作用和分子的集合体。这个领域开始于 20 世纪 60 年代，标志性的发现是冠醚（左图）可以选择性地结合特定的金属离子。在这一系统中，冠醚是主体，金属离子是客体。

在某些超分子主客体体系中，主体分子可以作为分子尺度的"烧瓶"，客体分子在其中可以发生特定的化学反应。

超分子化学的一个目标是利用分子自组装制备具有特殊功能的超分子结构。在这里，48 个有机分子和 24 个钯离子自组装成了一个直径为 5nm 的球形分子笼。

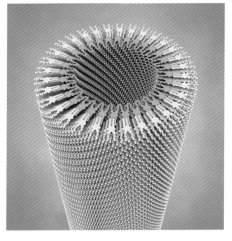

通过分子设计优化分子间作用力，化学家可以对超分子自组装结构进行调控。这里，一种扁平的双亲分子通过分子平面间的作用和疏水长链间的作用形成外径为 20nm、内径为 10nm 的管状结构。

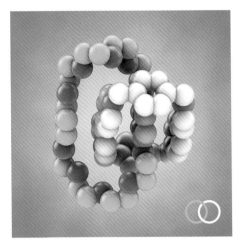

左图中索烃的合成方法如上图所示：首先利用分子间作用力，将一个环状分子与另一个开口的环状分子固定在合适位置；之后通过化学反应，关闭开口形成索烃。

所罗门链环的合成方法如上图所示：在 2 个铜离子（橘色）和 2 个锌离子（黄色）的固定下，4 个细长的分子和 4 个短小的分子（红色）反应，生成所罗门链环。

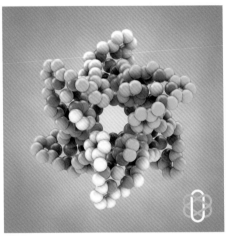

分子波罗米安链环的合成方法如上图所示：在 6 个锌离子（黄色）的固定下，6 个细长的分子和 6 个短小的分子（红色）反应，生成波罗米安链环。

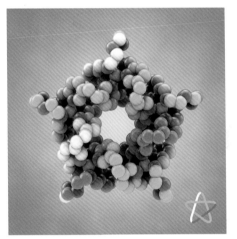

分子五叶结的合成方法如上图所示：在 5 个铁离子（黄色）和 1 个氯离子（中心绿色）的固定下，5 个细长的分子和 5 个短小的分子（红色）反应，生成五叶结。

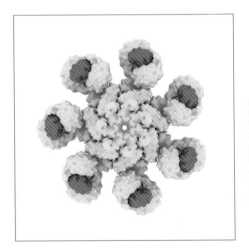

细胞凋亡复合体是在细胞凋亡过程中形成的一个蛋白质复合体，它可以激活其他能够直接导致细胞凋亡的蛋白质。细胞凋亡是一种常见的细胞死亡形式。对于一个成年人，一天中有 500 亿 ~700 亿 个细胞通过细胞凋亡死去。

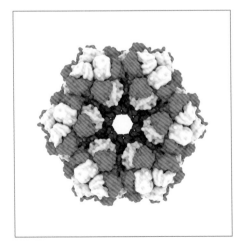

人类的血红蛋白由 4 个可以与氧气分子结合的蛋白质亚基组成，而蚯蚓的血红蛋白包括 144 个可以结合氧气分子的蛋白质亚基，这 144 个亚基又通过 36 个蛋白质亚基连接成一个复杂的复合体。另外，人类的血红蛋白在红细胞内，而蚯蚓的血红蛋白在细胞外。

微管的外径为24nm，内径为12nm。微管与微丝、中间纤维等组成的细胞骨架起到维持细胞形状的作用。微管也是细胞内物质运输的通道，负责运输"货物"的马达蛋白可以在微管上"行走"。另外细胞纤毛的摆动、细胞的有丝分裂等过程都与微管有关。

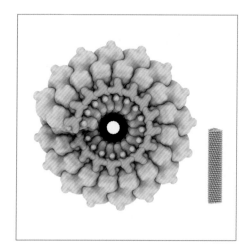

烟草花叶病毒呈棒状，包括2130个衣壳蛋白和一条包括6400个碱基的RNA链。病毒直径约为18nm，长度约为300nm（因空间有限，小图没有展示病毒完整长度）。

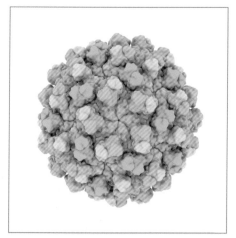

番茄丛矮病毒是一种具有正二十面体对称性的球形RNA病毒，其直径约为30nm。病毒的衣壳包括180个蛋白质亚基，其内部装有病毒RNA。番茄丛矮病毒衣壳结构是第一个通过X射线衍射实验分析的病毒结构。

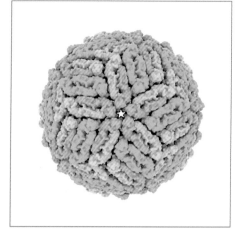

登革病毒是一种RNA病毒。病毒RNA被封闭在一个包括180个蛋白质亚基、具有正二十面体对称性的衣壳中。病毒最外层是球形的包膜，包膜上嵌有病毒蛋白质。病毒直径为17~25nm。登革病毒通过蚊子传播，可以引发登革热病。

猿猴空泡病毒是一种DNA病毒，其DNA被封闭在一个具有正二十面体对称性的蛋白质衣壳中。衣壳直径约为45nm，包括360个相同的蛋白质。猿猴空泡病毒感染可以引发肿瘤。

噬菌体T7是一种可以感染大肠杆菌等细菌的病毒。噬菌体T7由具有正二十面体对称性的头部和结构复杂的尾部组成。头部直径约为60nm，噬菌体DNA被封闭在其中。

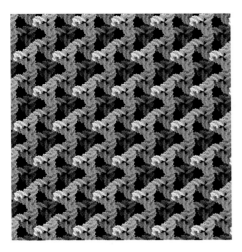

由三种 DNA 单链通过碱基对互配形成的具有三维网格结构的 DNA 晶体。潜在应用：这种网格结构可以作为模版在三维空间中使纳米粒子等物质周期性排列，从而形成新的功能材料。

通过 DNA 折纸术制备的纳米机器人。利用 DNA 折纸术，一段很长的"支架"DNA 单链可以被几百个很短的"订书钉"DNA 单链折叠成预先用计算机设计好的二维或三维结构。整个过程基于自组装，不需要人为干涉。

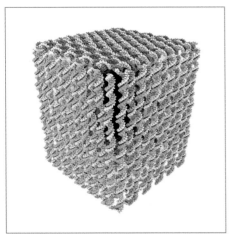

通过 DNA 折纸术制备的纳米盒子。盒子的大小为 42nm×36nm×36nm。盒子还有一个带锁的高级版本，只能用特定的 DNA 单链（钥匙）打开。

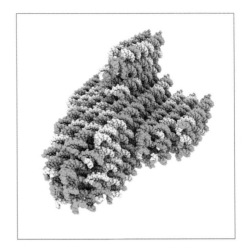

利用新的 DNA 纳米技术设计的纳米飞船。在这种新技术中几百条 DNA 单链可以通过碱基对互配相互识别，并如乐高积木一样自发组装成预先设计好的二维或三维结构。

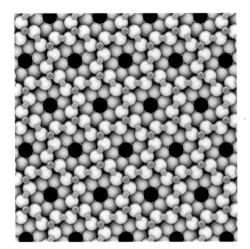

绿宝石是一种铍-铝硅酸盐矿物，其颜色主要来自晶体内部少量的金属离子。因金属离子的不同也可以呈蓝色、金黄色或者粉红色等。

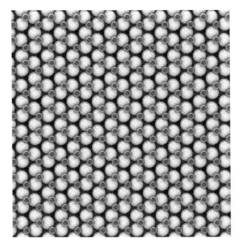

红宝石是红色的刚玉（Al_2O_3），其红色来自其中的铬离子。如果含有其他金属离子，刚玉也可以呈现蓝色（蓝宝石）或其他颜色。纯净的刚玉是无色透明的晶体，其硬度仅次于钻石，具有广泛的用途，比如 iPhone 照相机的最外层镜片。

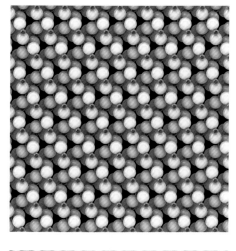

水晶就是二氧化硅。纯净的水晶为无色透明的晶体。当水晶中含有少量金属离子时，可以呈现漂亮的紫色和黄色等颜色。

钻石是碳元素的一种同素异形体，是最坚硬的天然矿石，也是最为昂贵的宝石之一。

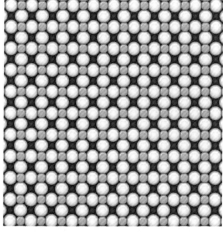

钇钡铜氧（YBCO）是一种高温超导材料，可以在93K以下变为超导。它是第一个可以在高于液氮沸点（77K）温度下实现超导的材料。

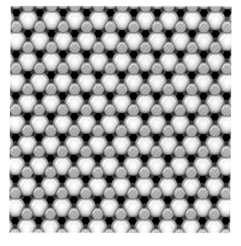

硒化镉是一种半导体材料。对它的研究主要集中于其纳米粒子。硒化镉纳米粒子可以应用于太阳能电池、发光二极管等器件。

偏硼酸钡（BBO）是一种非线性光学晶体，它可以倍增光波的频率，把不可见的红外激光转换为蓝色激光。

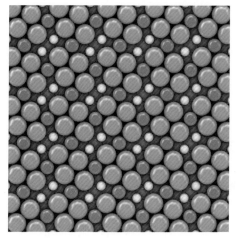

钕铁硼（NIB）是一种性能优异的稀土永磁材料。在商业永磁材料中，钕铁硼的磁性最强，被广泛应用于发动机、扬声器、耳机以及计算机硬盘等设备。

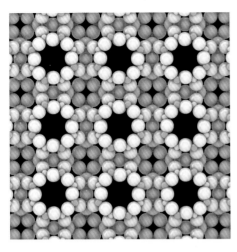

沸石是一种多孔材料，具有非常丰富的结构多样性。沸石在化学工业上有很多应用，比如分离气体、催化化学反应等。

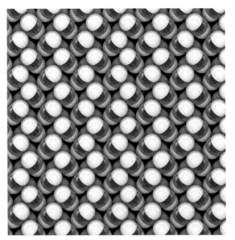

干冰是二氧化碳的固体形态。干冰的用途非常广泛，如保鲜、清洁、消防等。另外，我们更为常见的干冰应用可能是在舞台上制造云海特效。

在室温下，铝的晶体结构为面心立方（FCC）。相同金属原子的最紧密排列方式有两种：一种是面心立方；另一种是密排六方（HCP）。

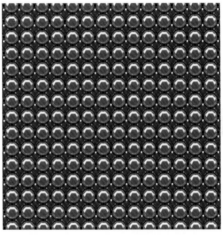

在室温下，铁的晶体结构为体心立方（BCC）。在912~1394℃范围，铁的晶体结构为面心立方。从1394℃到1538℃（铁的熔点），晶体结构又变回体心立方。

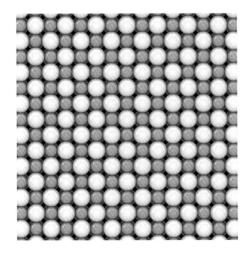

这是我们熟悉的食盐晶体结构。每个钠离子周围有6个距离最近的氯离子，每个氯离子周围有6个距离最近的钠离子。钠离子和氯离子的比例为1:1，因此氯化钠的结构式为NaCl。

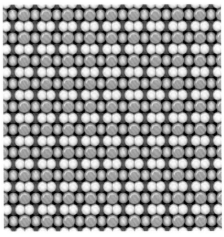

在极高的压强下，电子在钠离子和氯离子间的分布将发生变化，生成钠－氯比值不再是1:1的新化合物，如左图中的$NaCl_3$的结构。在这种结构中氯离子会形成正二十面体结构，其中12个氯离子位于正二十面体顶点，1个位于正二十面体中心。

金属有机骨架材料是多孔材料，具有极高的表面积和极低的密度。左图中的 MOF-5 材料，孔洞占材料体积的 61%；1g MOF-5 的表面积高达 2900m²。利用这种特性，MOF 可以用于存储氢气和捕获二氧化碳。

通过分子设计，化学家合成出孔洞尺寸极大的有机金属骨架材料。比如左图中所示的 IRMOF-74-IX，其孔洞直径约为 7nm，足以容纳一个绿色荧光蛋白。

在重力的作用下，同等大小的正八面体金属纳米粒子可以形成如左图所示的最紧密排列。这种结构的堆积密度为 0.947，大于相同球体的堆积密度（0.740）。

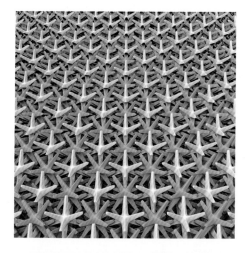

科学家正在研究纳米粒子的形状与自组装之间的关系。八角纳米粒子首先形成长链，然后众多长链并排到一起形成晶体。左图中用蓝色和白色区分相同纳米粒子的两种不同取向。

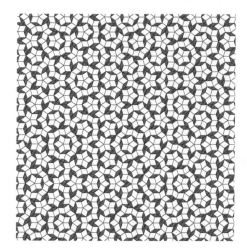

彭罗斯拼图是一种典型的非周期性二维结构。白色和粉色的菱形可以占据整个二维空间，但它们的排列并没有任何周期性或平移对称性。

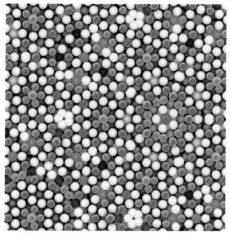

自从发现准晶以来，科学家一直在设法确定准晶中原子的位置。这项工作具有极大的挑战性，其中一个原因是很多准晶的结构并不稳定，而且存在大量缺陷。经过科学家 30 多年的努力，终于得到了几个比较准确的准晶原子模型。左图是一个由铝、铜和铑三种元素构成的十边形准晶模型。

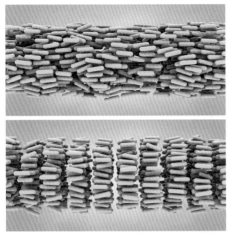

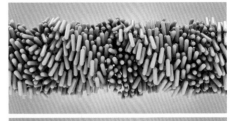

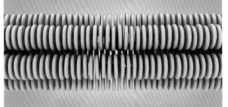

棒状分子可以形成向列相和近晶相。在向列相中，分子倾向于沿着分子长轴方向排列；而在近晶相中，分子在垂直于长轴的方向排列，并形成了层状结构。因而近晶相的有序程度要高于向列相。如果某一种分子既可以形成上述两种相，那么近晶相一般出现在更低的温度。

具有手性的棒状分子也可以形成手性向列相液晶。手性向列相液晶具有特殊的光学性质，其应用包括液晶显示器等。而碟状分子倾向于在与分子平面的垂直方向形成柱状结构，进而形成柱状相液晶。

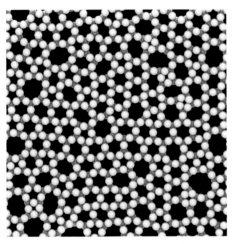

只有 5 个原子层厚的石英玻璃是《吉尼斯世界纪录》中最薄的玻璃。因为它的平面结构，科学家通过原子力显微镜和扫描隧道显微镜第一次确定了玻璃中原子的精确位置。

金属玻璃是另外一种非定型材料。金属玻璃具有极高的强度、硬度和抗腐蚀性。一些金属玻璃已经被商业化，应用于高尔夫球杆和特种刀具。左图展示的是由铜和锆两种金属组成的金属玻璃。

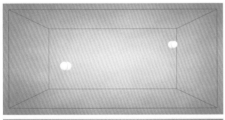

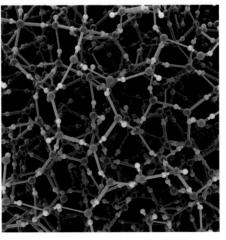

通过简单的计算，我们可以得到在常温常压下，在一个体积为 77.4nm³ 的假想容器中仅存在两个氧气分子。而对于液氧，相同体积的容器中大约包含 1600 个氧气分子。

在液态水中，水分子间存在着氢键的三维网格结构。氢键的寿命非常短暂，因此氢键的三维网格结构是一个极为动态的结构：在非常短的时间内，有很多氢键断裂，又有很多新的氢键生成。